大数据与人工智能技术丛书

Python 数据挖掘算法与应用
实验及课程实训指导

◎ 刘金岭 张囡囡 编著

清华大学出版社
北京

内 容 简 介

本书是《Python 数据挖掘算法与应用》(清华大学出版社，刘金岭、马甲林编著，以下简称主教材)的配套指导书，共分为两部分。第一部分为上机实验，根据主教材的知识点设计了 18 个实验，以帮助读者理解主教材的内容及算法的原理；第二部分为课程实训，根据 Python 语言的特点给出了 4 个实训案例。

本书内容实用性强，讲解由浅入深、循序渐进，注重培养学生的应用能力，可作为高等院校数据挖掘、机器学习等课程的上机实验、课程实训的指导书或毕业设计的参考书。

版权所有，侵权必究。举报：010-62782989，beiqinquan@tup.tsinghua.edu.cn。

图书在版编目(CIP)数据

Python 数据挖掘算法与应用实验及课程实训指导/刘金岭，张囡囡编著. —北京：清华大学出版社，2024.8
(大数据与人工智能技术丛书)
ISBN 978-7-302-66171-9

Ⅰ．①P… Ⅱ．①刘… ②张… Ⅲ．①数据采集 Ⅳ．①TP274

中国国家版本馆 CIP 数据核字(2024)第 086422 号

策划编辑：魏江江
责任编辑：王冰飞
封面设计：刘　键
责任校对：时翠兰
责任印制：刘　菲

出版发行：清华大学出版社
网　　址：https://www.tup.com.cn，https://www.wqxuetang.com
地　　址：北京清华大学学研大厦 A 座
邮　　编：100084
社 总 机：010-83470000
邮　　购：010-62786544
投稿与读者服务：010-62776969，c-service@tup.tsinghua.edu.cn
质量反馈：010-62772015，zhiliang@tup.tsinghua.edu.cn
课件下载：https://www.tup.com.cn，010-83470236

印 装 者：三河市人民印务有限公司
经　　销：全国新华书店
开　　本：185mm×260mm　　印　张：13　　字　数：299 千字
版　　次：2024 年 8 月第 1 版　　印　次：2024 年 8 月第 1 次印刷
印　　数：1～1500
定　　价：49.80 元

产品编号：100312-01

前 言

党的二十大报告指出：教育、科技、人才是全面建设社会主义现代化国家的基础性、战略性支撑。必须坚持科技是第一生产力、人才是第一资源、创新是第一动力，深入实施科教兴国战略、人才强国战略、创新驱动发展战略，开辟发展新领域新赛道，不断塑造发展新动能新优势。高等教育与经济社会发展紧密相连，对促进就业创业、助力经济社会发展、增进人民福祉具有重要意义。

"数据挖掘"、"机器学习"或"数据分析"等课程是具有较强理论性和较强实践性的专业基础课程，学习这些课程需要把理论知识和实际应用紧密结合起来。本书作为《Python 数据挖掘算法与应用》(清华大学出版社，刘金岭、马甲林编著，以下简称主教材)的配套指导书，编写目的是让读者在学习数据挖掘知识的同时做到理论联系实际，即在进行理论知识学习的同时进行上机实践。本书内容紧密结合主教材的内容，由浅入深、循序渐进，力求通过实践训练让读者了解数据挖掘算法的基本原理，培养读者应用及设计算法的能力。

本书分为两部分，第一部分为上机实验，第二部分为课程实训。

本书的编写特点主要如下：

(1) 第一部分根据主教材的知识点设计了 18 个实验，为读者进一步理解、应用数据挖掘理论打下坚实的基础。每个实验都有实验目的、实验内容、实验指导、注意事项和思考题，其中，实验指导配有若干实验题目，每个实验题目配有分析讨论内容。该部分的实验分别为 Python 数据分析基础实验、Python 常用库函数应用实验、数据相似性与可视化实验、数据采集与预处理实验、KNN 分类实验、决策树分类实验、朴素贝叶斯分类实验、支持向量机实验、分类模型评估实验、基于划分的聚类实验、基于层次的聚类实验、基于密度的聚类实验、聚类质量评估实验、关联规则实验、回归预测模型实验、逻辑回归模型实验、多项式回归模型实验、BP 网络分类实验。

(2) 第二部分给出了 4 个实训案例，对给定的数据集进行相关分析(由于不是真实的数据，有些分析的结果与真实的结果有一定的偏差)，主要目的是使学生掌握使用 Python 进行数据分析的方法和思想。

本书中的实验为 Python 3.6.5 的 IDLE 环境。

本书提供程序源码和思考题解答，扫描封底的文泉云盘防盗码，再扫描目录上方的二维码下载。

本书由长期从事"数据挖掘"课程教学工作、具有丰富教学经验的一线教师编写，针对性强、理论与应用并重、概念清楚、内容丰富，并且强调面向应用，注重培养学生的应用能力。

本书的编写得到编者所在学院以及清华大学出版社的大力支持,在此对所有相关人员的工作与支持表示衷心的感谢。

由于编者的水平有限,书中难免存在一些疏漏,殷切地希望广大读者给予批评指正。

编 者

2024 年 7 月

目 录

第一部分 上机实验

实验一　Python 数据分析基础实验 ………………………………………………… 3
实验二　Python 常用库函数应用实验 ……………………………………………… 7
实验三　数据相似性与可视化实验 ………………………………………………… 13
实验四　数据采集与预处理实验 …………………………………………………… 18
实验五　KNN 分类实验 ……………………………………………………………… 25
实验六　决策树分类实验 …………………………………………………………… 29
实验七　朴素贝叶斯分类实验 ……………………………………………………… 36
实验八　支持向量机实验 …………………………………………………………… 41
实验九　分类模型评估实验 ………………………………………………………… 53
实验十　基于划分的聚类实验 ……………………………………………………… 60
实验十一　基于层次的聚类实验 …………………………………………………… 68
实验十二　基于密度的聚类实验 …………………………………………………… 73
实验十三　聚类质量评估实验 ……………………………………………………… 80
实验十四　关联规则实验 …………………………………………………………… 86
实验十五　回归预测模型实验 ……………………………………………………… 98
实验十六　逻辑回归模型实验 ……………………………………………………… 106
实验十七　多项式回归模型实验 …………………………………………………… 111
实验十八　BP 网络分类实验 ………………………………………………………… 115

第二部分 课程实训

实训一　北京市二手房数据分析 …………………………………………………… 125
实训二　超市商品销售数据分析 …………………………………………………… 141
实训三　银行营销数据分析 ………………………………………………………… 155
实训四　移动通信业务客户价值数据分析 ………………………………………… 181

第一部分 上机实验

实验一

Python数据分析基础实验

一、实验目的

本实验要求学生了解程序的流程控制与实现;掌握如何正确地设定循环条件,以及如何控制循环的次数;掌握函数的定义和调用方法;掌握文件操作的程序设计方法。

二、实验内容

(1) 程序流程控制实验。
(2) 函数定义及调用实验。
(3) 文件读/写操作实验。

三、实验指导

1. 程序流程控制

实验 1.1 输入一串字符,输出其中字母、数字和其他字符的个数。
程序代码如下:

```
str_s=input('输入一串字符:')
s_zm=0
s_sz=0
s_qt=0
for i in range(0,len(str_s)):
    if 'a'<=str_s[i]<='z' or 'A'<=str_s[i]<='Z':
        s_zm=s_zm+1
    elif '0'<=str_s[i]<='9':
        s_sz=s_sz+1
    else:
        s_qt=s_qt+1
```

```
print('字母字符个数:',s_zm,'数字字符个数:',s_sz,'其他字符个数:',s_qt)
```

【分析讨论】

(1) 该程序功能是否能用两路分支语句完成？试验证之。

(2) 如何使程序中的每个处理语句都执行一次？为了找出程序中每个处理语句中的错误，应该使用什么样的数据对程序进行测试？请上机验证自己的结论。

实验1.2 计算 e 的近似值(使误差小于给定的 detax)。

程序代码如下：

```
detax=0.000001
e=1.0
x=1.0
y=1/x
i=1
while y>=detax:
    x=x*i
    y=1/x
    e=e+y
    i=i+1
print('e=',e)
```

【分析讨论】

(1) 阅读上面的程序，写出程序所依据的计算公式。

(2) 当输入的 detax 是什么值时能使程序按下面的要求运行：①不进入循环；②只循环一次；③只循环两次；④进入死循环(程序将永远循环下去)。

(3) 为了能知道程序循环了多少次，应该在程序中增加一条什么样的语句？

2. 函数定义及调用

实验1.3 定义每月有多少天的函数，输入某年某月某日，调用该函数输出这一天是该年的第几天。

程序代码如下：

```
def days(year,month):
    if month in [1,3,5,7,8,10,12]:
        day=31
    if month in [2,4,6,9,11]:
        day=30
    if month==2:
        if (year%400==0)or(year%100!=0 and year%4==0):
            day=29
        else:
            day=28
    return day
y=int(input('输入年份:'))
m=int(input('输入月份(1~12):'))
d=int(input('输入日数(1~31):'))
day_sum=d
```

```
for i in range(1,m):
    day_sum=day_sum+days(y,i)
    print(i)
ts=str(y)+'年'+str(m)+'月'+str(d)+'日是'+str(y)+'年的第'+str(day_sum)+'天'
print(ts)
```

【分析讨论】

(1) 利用输入的一组具体数据分析程序的运行流程。

(2) 如果限制月份为 1~12、日数为 1~31，输入提示错误，程序应该如何修改？

(3) 通过该实验体会函数调用的优势。

3. 文件读/写操作

实验 1.4 文件读/写操作。

(1) 用键盘输入浮点数字符串(每个浮点数占一行)，以'?'结束，并将数据存储到 D 盘 data_mining_sy 文件夹下的 test1.txt 文件中。

程序代码如下：

```
f=open('D:/data_mining_sy/test1.txt','a+')
f.truncate(0)                            #清空文件内容
data=input('输入浮点数字符串(以?结束):')
while data!='?':
    data_str=data+'\n'
    f.write(data_str)
    data=input('输入浮点数字符串(以?结束):')
f.close()
```

(2) 逐行读出字符，转换为浮点数进行相加并输出和。

程序代码如下：

```
fp=open('D:/data_mining_sy/test1.txt')
s=0
while True:
    line=fp.readline()
    tr=line[0:len(line)]
    if line!='':
        s=s+float(tr)
    else:
        break
print('s=',s)
```

【分析讨论】

(1) 在向 test1.txt 文件中写内容时，如果没有语句 f.truncate(0)，会出现什么情况？

(2) 在向 test1.txt 文件中写内容时，如果将语句 data_str=data+'\n'换成 data_str=data，会出现什么情况？

(3) 在逐行读出文本数据时，语句 tr＝line[0：len(line)]是必要的吗？是否可以去掉？

四、注意事项

（1）在流程控制语句中条件的边界要清晰，实验数据要准确地覆盖各个分支。

（2）函数定义的范围要适宜，模块不要太大。

（3）在写入和读出文件时要注意文件的打开方式。

五、思考题

（1）列表(List)、元组(Tuple)、集合(Set)、字典(Dictionary)是在数据挖掘实验中经常用到的，它们在应用上有何不同？

（2）open()方法用于打开一个文件，创建一个 file 对象，可以使用哪些方法调用它进行读/写？

（3）在读/写文件时有一个文件指针记录读取的位置，数据读到哪个位置，这个指针就指到哪个位置，继续读取数据会从该位置继续读取，这样理解是否正确？

实验二

Python常用库函数应用实验

一、实验目的

本实验要求学生掌握 Pandas 的 DataFrame 数据表的创建、查询、分组和聚合等操作;掌握使用 Matplotlib 的 plot()、pie()等函数进行绘图;了解 Scikit-learn 自带的小规模数据集 iris、boston 和 digits 的数据结构,掌握 Scikit-learn 生成指定模式和复杂形状数据样本集的方法。

二、实验内容

(1) DataFrame 数据表操作实验。
(2) Matplotlib 基础绘图实验。
(3) Scikit-learn 数据集实验。

三、实验指导

1. DataFrame 数据表

实验 2.1 数据表的基本操作。

程序代码如下:

```
import pandas as pd
datas=[['S1','许文秀','女',21,'计算机系'],
       ['S2','于金凤','女',20,'计算机系'],
       ['S3','刘世元','男',22,'电信系'],
       ['S4','周新娥','女',20,'管理系'],
       ['S5','刘德峰','男',22,'电信系'],
       ['S6','吕占英','女',21,'管理系']]
column_index=['学号','姓名','性别','年龄','系部']
df=pd.DataFrame(datas,columns=column_index)
print(df)
```

```
print('\n',df.iloc[[1,3,5],[1,2,4]])                         #①
print('\n',df[(df['性别']=='女')&(df['系部']=='计算机系')])    #②
df['籍贯']=['河北省','天津市','河北省','重庆市','江苏省','天津市']  #③
print('\n',df)
df1=df.drop([2],axis=0,inplace=False)                        #④
print('\n',df1)
df1.drop('系部',axis=1,inplace=True)                          #⑤
print('\n',df1)
df1.rename(columns={'学号':'sno','姓名':'name','性别':'sex','年龄':'age','籍贯':'birthplace'},inplace=True)   #⑥
print('\n',df1)
```

【分析讨论】

(1) 说明注释①~⑥完成的功能。

(2) 编程修改学生"吕占英"的系部为"电信系"。

(3) 编程查询天津市学生的所有信息。

实验2.2 数据表的分组和聚合。

程序代码如下：

```
import pandas as pd
datas=[['S1','C1',78],['S1','C2',82],['S1','C3',92],['S2','C1',67],['S2','C2',80],['S3','C1',54],['S3','C2',68],['S3','C3',78],['S4','C1',68],['S4','C2',84],['S4','C3',74],['S5','C2',80],['S5','C3',90],['S6','C2',80]]
column_index=['学号','课程号','成绩']
df=pd.DataFrame(datas,columns=column_index)
print('df=\n',df)
group_sno=df['成绩'].groupby(df['学号'])
group_cno=df['成绩'].groupby(df['课程号'])
print('\n',group_sno.sum())                                   #①
print('\n',group_cno.mean())                                  #②
```

【分析讨论】

(1) 说明注释①、②完成的功能。

(2) 修改程序，输出每个学生的平均成绩。

(3) 修改程序，将每个学生的总成绩和每门课的平均成绩分别存储到列表 lst_sum 和 lst_mean 中并输出。

2. Matplotlib 基础绘图

实验2.3 使用 plot() 函数绘图。

程序代码如下：

```
import matplotlib.pyplot as plt
import numpy as np
x=np.linspace(0.05,10,1000)
y=np.cos(x)
plt.rcParams['font.family']='STSong'         #图形中显示的汉字的字体
plt.rcParams['font.size']=12                  #显示的汉字的大小
plt.plot(x,y,ls='-',lw=2,label='函数 y=cos(x)')
```

```
plt.legend()                                              #①
plt.show()
```

【分析讨论】

(1) 如果去掉注释①语句会出现什么结果？说明该语句的作用。
(2) 修改上述程序，绘制[0,2π]区间的 y＝cos(x)的图像。
(3) 绘制[0,2π]区间的 y＝sin(x)的图像。

实验 2.4 使用 text()函数绘图。

程序代码如下：

```
port matplotlib.pyplot as plt
import numpy as np
x_axis_data=['语文','数学','英语','Python','数据库技术','Java','数据挖掘']
y_axis_data1=[68,82,69,69,70,72,66]
y_axis_data2=[71,73,52,66,74,82,71]
y_axis_data3=[82,83,82,76,84,92,81]
plt.rcParams['font.family']='STSong'
plt.rcParams['font.size']=12
plt.plot(x_axis_data,y_axis_data1,'b*--',alpha=0.5,linewidth=1,label='许文秀')#'
plt.plot(x_axis_data,y_axis_data2,'rs--',alpha=0.5,linewidth=1,label='周新娥')
plt.plot(x_axis_data,y_axis_data3,'go--',alpha=0.5,linewidth=1,label='刘世元')
for a,b in zip(x_axis_data,y_axis_data1):
    plt.text(a,b,str(b),ha='center',va='bottom',fontsize=8)
for a,b1 in zip(x_axis_data,y_axis_data2):
    plt.text(a,b1,str(b1),ha='center',va='bottom',fontsize=8)
for a,b2 in zip(x_axis_data,y_axis_data3):
    plt.text(a,b2,str(b2),ha='center',va='bottom',fontsize=8)
plt.legend()
plt.xlabel('考试科目')
plt.ylabel('考试成绩')
plt.show()
```

【分析讨论】

(1) 根据程序运行结果说明程序实现的功能。
(2) 根据程序运行结果并结合相关资料说明 zip()函数的应用及各参数的功能。
(3) 根据程序运行结果并结合主教材中的例 3.61 说明 text()函数的应用及各参数的功能。

实验 2.5 绘制饼图。

程序代码如下：

```
import pandas as pd
import numpy as np
import matplotlib.pyplot as plt
#解决中文乱码问题
plt.rcParams['font.sans-serif']=['SimHei']
plt.rcParams['font.size']=12
df=pd.read_excel('D://data_mining_sy/拼多多平台子类目销售额占比.xlsx')
```

```
plt.figure(figsize=(10,6))
x=df['销售额(亿元)']
labels=df['子类目']
explode=[0.1,0.05,0.05,0.05,0.05,0.05,0.05,0.05,0.05]
plt.pie(x,labels = labels,autopct = '%3.1f%%',labeldistance = 1.02,explode =
explode,shadow=True)
plt.show()
```

【分析讨论】

(1) 说明 pie()函数中各参数的功能(教材上没有讲到的参数可查找相关资料)。

(2) 将参数 explode 调整为[0.3,0.1,0.1,0.05,0.05,0.05,0.05,0.05,0.05]后查看结果,并说明该参数的作用。

(3) 说明参数 shadow 的作用,并修改程序验证。

3. Scikit-learn 数据集

实验 2.6 查看 Scikit-learn 自带的小规模数据集的数据结构。

程序代码如下:

```
from sklearn.datasets import load_iris
from sklearn.datasets import load_boston
from sklearn.datasets import load_digits
data=load_iris()
print('*'*30,'(一)','*'*30)
print(data.feature_names)
print('-'*60)
print(data.target_names)
print('-'*60)
print(data.target)
print('*'*30,'(二)','*'*30)
boston=load_boston()
print(boston.data.shape)
print('-'*60)
print(boston.feature_names)
print('*'*30,'(三)','*'*30)
digit=load_digits(n_class=5,return_X_y=False)
print(digit.feature_names)
print('-'*60)
print(digit.target_names)
print('*'*60)
```

【分析讨论】

(1) 利用程序运行结果分析 Scikit-learn 自带的小规模数据集的数据结构。

(2) 修改程序,查看 Scikit-learn 自带的小规模数据集 iris、boston 和 digits 各包含多少条记录,各有多少类别。

实验 2.7 生成分类数据和聚类数据。

(1) 生成分类数据。

程序代码如下:

```
from sklearn.datasets import make_classification
X,y=make_classification(n_samples=10000,n_features=25,n_informative=3,
n_redundant=2,n_classes=3,n_clusters_per_class=1)
print(X.shape)
```

【分析讨论】

① 运行程序,并分析程序的运行结果。

② 取生成数据集的前两个特征作为二维空间中的横坐标和纵坐标,绘制出散点图。

③ 修改程序,生成二维分类数据集,并绘制出散点图。

(2) 生成聚类数据。

程序代码如下:

```
from sklearn.datasets import make_blobs
import matplotlib.pyplot as plt
X,y=make_blobs(n_samples=500,n_features=2,centers=4,random_state=1)
fig,ax1=plt.subplots(1)
ax1.scatter(X[:,0],X[:,1],marker='o',s=8)
plt.show()
```

【分析讨论】

① 运行程序,并分析程序的运行结果。

② 说明参数 centers 的作用,将 centers 的值分别改为 3 和 5 后运行程序,并分析结果。

(3) 生成环形数据。

程序代码如下:

```
from sklearn.datasets import make_circles
import matplotlib.pyplot as plt
x1,y1=make_circles(n_samples=400,factor=0.5,noise=0.1)
plt.scatter(x1[:,0],x1[:,1],marker='o',c=y1,s=10,cmap='viridis')
plt.show()
```

【分析讨论】

① 运行程序,并分析程序的运行结果。

② 说明参数 noise 的作用,将 noise 的值分别改为 0.5 和 0.05 后运行程序,并分析结果。

(4) 生成月亮形数据。

程序代码如下:

```
from sklearn.datasets import make_moons
import matplotlib.pyplot as plt
import numpy as np
X,y=make_moons(n_samples=1000,noise=0.1)
plt.scatter(X[:,0],X[:,1],marker='o',c=y)
plt.show()
```

【分析讨论】

① 运行程序，并分析程序的运行结果。

② 说明参数 noise 的作用，将 noise 的值分别改为 0.5 和 0.05 后运行程序，并分析结果。

（5）生成多维正态分布数据。

程序代码如下：

```
import matplotlib.pyplot as plt
from sklearn.datasets import make_gaussian_quantiles
X,y=make_gaussian_quantiles(n_samples=1000,n_features=2,n_classes=3,mean=[1,2],cov=2)
plt.scatter(X[:,0],X[:,1],marker='o',c=y)
plt.show()
```

【分析讨论】

① 运行程序，并分析程序的运行结果。

② 说明参数 mean 和 cov 的作用，修改这两个参数的值运行程序，分析其对所产生数据分布的影响。

四、注意事项

（1）iloc[]和 loc[]的区别。

（2）指定图例大小、位置、标签图形的 legend()函数的应用。

（3）不同的数据集是根据不同的需求生成的。

五、思考题

（1）在 DataFrame 数据集上如何实现 SQL 的多表连接查询功能？

（2）通过以上实验的可视化结果思考噪声对数据分布的影响。

实验三

数据相似性与可视化实验

一、实验目的

本实验要求学生了解向量间距离的概念,熟练掌握各种距离的计算;掌握散点图的绘制方法;了解词云图的作用,掌握词云图的绘制方法。

二、实验内容

(1) 向量间距离与相似性度量实验。
(2) 绘制展示数据分布的散点图实验。
(3) 创建文本词云图实验。

三、实验指导

1. 向量间距离与相似性度量

实验 3.1 假设向量 x、y 由列表 a=[1,2,3,4]和 b=[3,3,1,4]生成,完善程序测试各距离函数的值。

程序代码如下:

```python
def EucliDistance(x,y):                                     #欧几里得距离
    return np.sqrt(np.sum(np.square(x-y)))
def ManhatDistance(x,y):                                    #曼哈顿距离
    return np.sum(np.abs(x-y))
def ChebyDistance(x,y):
    return np.max(np.abs(x-y))                              #切比雪夫距离
def MinKowDistance(x,y,p):
    return np.power(np.sum(np.power(np.abs(x-y),p)),1/p)    #闵可夫斯基距离
def Lp(x,p):                                                #L(p)范数
    return np.power(np.sum(np.power(np.abs(x),p)),1/p)
```

```python
def CosDistance(x,y):                                    #余弦距离
    return np.inner(x,y)/np.sqrt(np.inner(x,x) * np.inner(y,y))
def CorDistance(x,y):                                    #相关距离(皮尔逊相关系数)
    return 1-np.corrcoef(x,y)[0,1]
def JaccardDistance(x,y):                                #杰卡德距离
    return 1-len(np.intersect1d(x,y))/len(np.union1d(x,y))
```

【分析讨论】

(1) 分析程序的运行结果,理解各距离的含义。

(2) 对于闵可夫斯基距离,当 p=1 时为曼哈顿距离;当 p=2 时为欧氏距离;当 p→∞ 时为切比雪夫距离。编写程序并运行,利用结果验证该结论。

2. 绘制展示数据分布的散点图

实验 3.2 将鸢尾花数据集(iris)中的 data 数据进行切片,只取前两列,利用 Python 绘制二维散点图。

程序代码如下:

```python
import matplotlib.pyplot as plt
from sklearn.datasets import load_iris
iris=load_iris()
y=iris.target
X1=iris.data[:, :2]
plt.rcParams['font.family']='STSong'
plt.rcParams['font.size']=12
plt.scatter(X1[y==0, 0],X1[y==0, 1],color='r',marker='+')
plt.scatter(X1[y==1, 0],X1[y==1, 1],color='g',marker='x')
plt.scatter(X1[y==2, 0],X1[y==2, 1],color='b',marker='o')
plt.xlabel('sepal width')
plt.ylabel('sepal length')
plt.title('sepal 散点图')
plt.show()
```

【分析讨论】

(1) 分析程序的运行结果,说明该程序完成的功能。

(2) 将鸢尾花数据集中的 data 数据进行切片,只取后两列绘制二维散点图。

(3) 修改程序,只绘制类别为 1 的鸢尾花散点图。

实验 3.3 三维散点图。

程序代码如下:

```python
import numpy as np
import matplotlib.pyplot as plt
from mpl_toolkits.mplot3d import Axes3D
x=np.random.uniform(0,1,200)
y=np.random.uniform(0,1,200)
z=np.random.uniform(0,1,200)
color=np.random.uniform(0,1,200)                         #①
```

```
ax=plt.subplot(111, projection='3d')
ax.scatter(x, y, z, c=color)
ax.set_zlabel('Z')
ax.set_ylabel('Y')
ax.set_xlabel('X')
plt.show()
```

【分析讨论】

(1) 分析程序的运行结果,说明该程序完成的功能。

(2) 分别说明注释①所在行语句和之前 3 个 np.random.uniform()语句的功能。

(3) 参照该实验绘制数据集 data 为 np.array([(1,8,7),(2,8,8),(5,1,2),(4,1,1),(3,1,8),(2,4,9),(8,7,6),(5,4,8)]).T 的三维散点图。

实验 3.4 绘制散点图矩阵。

程序代码如下:

```
import numpy as np
import pandas as pd
import matplotlib.pyplot as plt
v1=np.random.normal(0, 1, 100)
v2=np.random.randint(0, 23, 100)
v3=v1 * v2
df=pd.DataFrame([v1, v2, v3]).T
pd.plotting.scatter_matrix(df, diagonal='kde', color='b')
plt.show()
```

【分析讨论】

(1) 运行程序,分析程序的运行结果。

提示:运行结果图分为对角线部分和非对角线部分。其中,对角线部分是核密度估计图(Kernel Density Estimation),用来查看某个变量的分布情况,横轴对应该变量的值,纵轴对应该变量的密度(可以理解为出现的频率);非对角线部分是两个变量之间分布的关联散点图,将任意两个变量进行配对,以其中一个为横坐标,另一个为纵坐标,将所有的数据点绘制在图上,用来衡量两个变量的关联度(Correlation)。

(2) 将程序中的 v1 改为 np.array([1,2,3,4,5,6,7,8])、v2 改为 np.array([2,8,6,4,3,6,8,3]),根据具体的数据分析结果。

3. 创建文本词云图

实验 3.5 根据 D 盘 data_mining_sy 文件夹下 cyt.txt 文件中的文本创建词云图。

(1) 直接将文本用词云图展现。

程序代码如下:

```
from wordcloud import WordCloud
with open("D:/data_mining_sy/cyt.txt",encoding="utf-8") as file:
    text=file.read()
    wordcloud=WordCloud(font_path="C:/Windows/Fonts/simfang.ttf",background_
```

```
color="black",width=600,height=300,max_words=50).generate(text)
    image=wordcloud.to_image()
    image.show()
```

（2）利用 jieba 分词工具展现词云图。

程序代码如下：

```
from wordcloud import WordCloud
import jieba
f=open("D:/data_mining_sy/cyt.txt",encoding="utf-8")
text=f.read()
t=jieba.lcut(text)
tt=' '.join(t)
wordcloud= WordCloud(font_path="C:/Windows/Fonts/simfang.ttf", background_color="black", width=600,height=300, max_words=50,min_font_size=8).generate(tt)
image=wordcloud.to_image()
image.show()
```

（3）将词云图展现为指定形状。

程序代码如下：

```
from wordcloud import WordCloud
import numpy as np
import jieba
import PIL.Image as Image
f=open("D:/data_mining_sy/cyt.txt",encoding="utf-8")
text=f.read()
t=jieba.lcut(text)
tt=' '.join(t)
mask_pic=np.array(Image.open('D:/data_mining_sy/14.jpg'))
wordcloud= WordCloud(font_path="C:/Windows/Fonts/simfang.ttf", background_color='white',mask=mask_pic).generate(tt)
image=wordcloud.to_image()
image.show()
```

【分析讨论】

（1）运行这3个词云图创建程序，分析、比较运行结果。

（2）检索相关资料，掌握 jieba 的 lcut() 函数对中文文本进行词切分的方法，体会使用 join() 函数对词进行连接的意义。

（3）分析 WordCloud() 中参数 mask 的应用。

四、注意事项

（1）向量距离的大小是很多算法中的重要参考数据。

（2）散点图常用来显示数据分布，比较几个变量的相关性或者分组。

（3）词云图过滤掉大量低频、低质的文本信息，浏览者只要一眼扫过词云图就可以领会整篇文档的主旨。

（4）WordCloud()中参数 mask 所应用的图形一般是无背景图片。

五、思考题

（1）向量之间的距离与它们之间的相似度有什么关系？

（2）为什么说散点图是用来判断两个变量之间相互关系的工具？

（3）词云图有哪些优点和缺点？

实验四

数据采集与预处理实验

一、实验目的

本实验要求学生了解数据采集的方法;能够利用 Pandas 进行缺失值处理和异常值处理;掌握 DataFrame 数据表连接的方法;能够利用主成分分析进行数据归约;掌握连续数据离散化的方法。

二、实验内容

(1) 数据采集实验。
(2) 缺失值处理实验。
(3) 异常值处理实验。
(4) 数据表连接实验。
(5) 数据归约实验。
(6) 数据离散化实验。

三、实验指导

1. 数据采集

urllib 库是 Python 内置的 HTTP 请求库,它包含 4 个模块,第一个模块 request 是最基本的 HTTP 请求模块;第二个模块 error 是异常处理模块;第三个模块 parse 是一个工具模块,提供了许多 URL 处理方法;第四个模块 robotparser 主要用来识别网站的 robots.txt 文件。

urlopen()方法可以实现请求的发起,如果要加入 Headers 等信息,可以使用 Request 类来构造请求。其使用方法如下:

urllib.request.Request(url,data=None,headers={},origin_req_host=None, unverifiable=False,method=None)

参数说明：
（1）url 为要请求的 URL。
（2）data 必须是 bytes(字节流)类型。
（3）headers 是一个字典类型，为请求头部，可以在构造请求时通过 headers 参数直接构造，也可以通过调用请求实例的 add_header()方法添加。
（4）origin_req_host 指定请求方的 Host 名称或者 IP 地址。
（5）unverifiable 设置网页是否需要验证，默认为 False，该参数一般不用设置。
（6）method 是一个字符串，用来指定请求使用的方法，例如 GET、POST 和 PUT 等。

实验 4.1 在"证券之星"网站上获取某网页中的 A 股数据。
该实验主要分为三部分，即网页源代码的获取、所需内容的提取、所得结果的整理。
程序代码如下：

```
import urllib.request
import re
import csv
import os
url='http://quote.stockstar.com/stock/ranklist_a_3_1_1.html'   #目标网址
headers={"User-Agent":"Mozilla/5.0 (Windows NT 10.0; WOW64)"}  #伪装浏览器请求报头
request=urllib.request.Request(url=url,headers=headers)        #请求服务器
response=urllib.request.urlopen(request)                       #服务器应答
content=response.read().decode('gbk')                          #以一定的编码方式查看源代码
pattern=re.compile('<tbody[\s\S]*</tbody>')
body=re.findall(pattern,str(content))    #匹配<tbody>和</tbody>之间的所有代码
pattern=re.compile('>(.*?)<')
stock_page=re.findall(pattern,body[0])   #匹配>和<之间的所有信息
stock_total=stock_page
stock_last=stock_total[:]                #stock_total:匹配出的股票数据
for data in stock_total:                 #stock_last:整理后的股票数据
    if data=='':
        stock_last.remove('')
head=['代码','简称','最新价','涨跌幅','涨跌额','5分钟涨幅']
lst=[]
for i in range(0,len(stock_last),6):     #网页中共有 6 列数据
    lst.append([stock_last[i],stock_last[i+1],stock_last[i+2],stock_last[i+3],stock_last[i+4],stock_last[i+5]])
    os.chdir('D:\\data_mining_sy')       #改变当前路径
    with open('股票数据.csv','a',newline='') as f:  #以追加方式打开或创建文件
        f_csv=csv.writer(f)
        f_csv.writerow(head)             #写入文件头
        for i in range(len(lst)):        #按行写入文件
            f_csv.writerow(lst[i])
```

【分析讨论】
（1）阅读并运行程序，了解各部分的意义。
（2）编程读取股票数据.csv 文件。

(3) 绘制各股票"涨跌幅"折线图。

BeautifulSoup 是 Python 的一个库,其最主要的功能是从网页中抓取数据。在创建 BeautifulSoup 对象时首先要导入其对应的 bs4 库。

实验 4.2 将抓取的新浪网新闻内容存储到 D 盘 data_mining_sy 文件夹下的 titles.txt 文件中。

程序代码如下:

```
from bs4 import BeautifulSoup
import requests
from datetime import datetime
import json
import re
news_url = 'http://news.sina.com.cn/c/nd/2017-05-08/doc-ifyeycfp9368908.shtml'
web_data=requests.get(news_url)
web_data.encoding='utf-8'
soup=BeautifulSoup(web_data.text,'lxml')
title=soup.select('#artibodyTitle')[0].text
time=soup.select('.time-source')[0].contents[0].strip()
dt=datetime.strptime(time,'%Y年%m月%d日%H:%M')
source=soup.select('.time-source span span a')[0].text
editor=soup.select('.article-editor')[0].text.lstrip('责任编辑:')
comments=requests.get('http://comment5.news.sina.com.cn/page/info?version=1&format=js&channel=gn&newsid=comos-fyeycfp9368908&group=&compress=0&ie=utf-8&oe=utf-8&page=1&page_size=20')
comments_total=json.loads(comments.text.strip('var data='))
news_id=re.search('doc-i(.+).shtml',news_url)
titles=title+'\n'+str(dt)+'\n'+source+'\n'
titles=titles+str('\n'.join([p.text.strip() for p in soup.select('#artibody p')[:-1]]))
titles=titles+'\n'+editor+'\n'+str(comments_total['result'])
titles=titles+'\n'+news_id.group(1)
try:
    #以只写的方式打开或创建 titles.txt 文件
    file=open(r'D:/data_mining_sy/titles.txt', 'w')
    for title in titles:
    #将爬取到的文章题目写入文件中
        file.write(title)
finally:
    if file:
        #关闭文件(很重要)
        file.close()
```

【分析讨论】

(1) 阅读程序和注释,了解各主要语句的功能。

(2) 编程读取结果文件 titles.txt 中的内容。

(3) 考虑提取 titles.txt 文件中汉字和数字的方法。

2. 缺失值处理

实验 4.3　读取 D 盘 data_mining_sy 文件夹下的 grade.xlsx 文件,进行缺失值处理。
程序代码如下:

```
import pandas as pd
studf=pd.read_excel("D:/data_mining_sy/grade.xlsx",skiprows=1)
                                                               #跳过前面一个空行
print('1.\n',studf.isnull())
print('\n2.\n',studf["分数"].isnull())
print('\n3.\n',studf["分数"].notnull())
print(studf.loc[studf["分数"].notnull(),:])
studf.dropna(axis="columns",how="all",inplace=True)
studf.dropna(axis="index",how="all",inplace=True)
studf.fillna({"分数":0})
studf.loc[:,"姓名"]=studf["姓名"].fillna(method="ffill")
studf.to_excel("D:/data_mining_sy/grade_new.xlsx",index=False)  #去除索引
```

【分析讨论】
(1) 阅读程序和注释,掌握各主要语句的功能。
(2) 运行程序,说明运行结果的意义。
(3) 编程读取结果文件 grade_new.xlsx 中的内容。

3. 异常值处理

实验 4.4　利用正态分布 3σ 原则检查出异常值,并去除异常值。
程序代码如下:

```
mat=[[19,26,63],[13,62,65],[16,69,15],[14,56,17],[19,6,15],[11,42,15],[18,58,
36],[12,77,33],[10,75,47],[15,54,70],[10017,1421077,4169]]
def width(lst):                                   #获得矩阵的字段数量
    i=0;
    for j in lst[0]:
        i+=1
    return i
def GetAverage(mat):                              #得到每个字段的平均值
    n=len(mat)
    m=width(mat)
    num=[0] * m
    for i in range(0, m):
        for j in mat:
            num[i]+=j[i]
        num[i]=num[i]/n
    return num
def GetVar(average, mat):
    ListMat=[]
    for i in mat:
        ListMat.append(list(map(lambda x: x[0] -x[1], zip(average, i))))
    n=len(ListMat)
    m=width(ListMat)
    num=[0] * m
```

```
            for j in range(0, m):
                for i in ListMat:
                    num[j]+=i[j] * i[j]
                num[j] /=n
            return num
        def GetStandardDeviation(mat):              #获得每个字段的标准差
            return list(map(lambda x:x**0.5,mat))
        def DenoisMat(mat):                         #对数据集去异常值
            average=GetAverage(mat)
            variance=GetVar(average, mat)
            standardDeviation=GetStandardDeviation(variance)
            section=list(map(lambda x: x[0]+3 * x[1], zip(average, standardDeviation)))
            n=len(mat)
            m=width(mat)
            num=[0] * m
            denoisMat=[]
            noDenoisMat=[]
            for i in mat:
                for j in range(0, m):
                    if i[j]>section[j]:
                        denoisMat.append(i)
                        break
                    if j==(m-1):
                        noDenoisMat.append(i)
            print('去除了异常值数据:',noDenoisMat)
            print('异常值数据:')
            return denoisMat
        if __name__=='__main__':
            print("初始数据:")
            print(mat)
            print(DenoisMat(mat))
```

【分析讨论】

（1）理解用 3σ 原则检查异常值的原理。

（2）阅读程序和注释，掌握各主要语句的功能。

（3）运行程序，说明运行结果的意义。

4．数据表连接

实验 4.5　DataFrame 数据表连接。

程序代码如下：

```
import pandas as pd
S_info=pd.DataFrame({'学号':['S1','S2','S3','S4','S5','S6'],
        '姓名':['许文秀','刘德峰','刘世元','于金凤','周新娥','王丽静'],
        '性别':['女','男','男','女','女','女'],'年龄':[20,19,20,21,20,20]})
course=pd.DataFrame({'学号':['S1','S2','S1','S4','S1','S3','S3','S2','S6','S8'],
        '课程':['英语','英语','高数','英语','数据库技术','英语','高数','高数',
        '英语','高数'],'成绩':[89,86,65,72,67,80,58,80,72,65]})
```

```
df1=pd.merge(S_info,course)
df2=pd.merge(S_info,course,how='left')
df3=pd.merge(S_info,course,how='right')
df4=pd.merge(S_info,course,how='outer')
print('df1=',df1,'\ndf2=',df2,'\ndf3=',df3,'\ndf4=',df4)
```

【分析讨论】

(1) 说明数据表连接的意义。

(2) 运行程序,根据结果说明 df1、df2、df3 和 df4 实现的功能。

(3) 修改程序,实现将数据表 course 中的"学号"字段名修改成"编号"。

5. 数据归约

实验 4.6 利用 PCA()函数分析各分量所含的信息量。

程序代码如下:

```
import numpy as np
from sklearn.decomposition import PCA
X=np.array([[-1,-1,8,2],[-2,-1,8,10],[-3,-2,9,-3],[1,1,8,-2],[2,1,7,21],[3,2,7,11]])
pca=PCA(copy=True,n_components=4,whiten=False)    #①
pca.fit(X)
print(pca.explained_variance_ratio_)
```

【分析讨论】

(1) 说明 PCA()函数中参数 n_components 的作用。

(2) 运行程序,说明运行结果的意义。从该结果可以得到什么结论?

(3) 如果将语句①换为 pca＝PCA(n_components＝'mle'),分析程序的运行结果。

6. 数据离散化

实验 4.7 将 1950—2021 年全国的出生人口数(万)进行离散化。

程序代码如下:

```
import pandas as pd
import matplotlib.pyplot as plt
def cluster_plot(d,k):
    plt.rcParams['font.sans-serif']=['SimHei']
    plt.rcParams['axes.unicode_minus']=False
    plt.title(u'将1950—2021年全国的出生人口数(万)进行离散化')
    for j in range(0,k):
        plt.plot(data[d==j],[j for i in d[d==j]],'o')
    plt.ylim(-0.5,k-0.5)
    return plt
data1= pd. read _csv ('D:/data _mining _sy/chinese _ rep.csv ', delimiter = ',',encoding='gbk')
data=data1['人数']
k=10
d1=pd.cut(data,k,labels=range(k))
cluster_plot(d1,k).show()
```

【分析讨论】

(1) 说明参数 k=10 的意义。

(2) 运行程序，说明运行结果的意义。从该结果可以得到什么结论？

四、注意事项

(1) 在使用缺失值及异常值处理方法时要关注现实需求。

(2) 在主成分分析中分量确定的阈值一般是根据分量目标数来确定的。

五、思考题

(1) 为什么要进行异常值处理？试举例说明。

(2) 为什么要进行数据集成化？

(3) 为什么要进行数据离散化？哪些数据类型要进行离散化处理？

实验五

KNN分类实验

一、实验目的

本实验要求学生理解 KNN 算法的原理,掌握用 KNN 算法编程,完成对给定数据集的分类和对新样本类别的预测;熟练掌握 KNeighborsClassifier( )函数的各个参数的含义;掌握对给定数据集确定分类类别数目 K 的方法。

二、实验内容

(1) 实现 KNN 算法实验。
(2) 使用 KNeighborsClassifier( )函数分类实验。
(3) 确定 K 值实验。

三、实验指导

1. 实现 KNN 算法

实验5.1 假设有先验数据如表 1.5.1 所示,未知类别数据如表 1.5.2 所示,利用 Python 实现 KNN 算法。

表 1.5.1 先验数据

属性 1	属性 2	类别
1.0	1.1	A
1.0	1.0	A
0.9	0.8	A
0.0	0.0	B
0.1	0.1	B

表 1.5.2 未知类别数据

属性 1	属性 2	类别
0.1	0.3	?
1.1	1.2	?

程序代码如下：

```python
import numpy as np
def classify_two(inX,dataSet,labels,k):
    m,n=dataSet.shape                          #shape(m,n):m 列 n 个特征
    #计算测试数据到每个点的欧几里得距离
    distances=[]
    for i in range(m):
        sum=0
        for j in range(n):
            sum+=(inX[j]-dataSet[i][j])**2
        distances.append(sum**0.5)
    sortDist=sorted(distances)
    #k 个最近的值所属的类别
    classCount={}
    for i in range(k):
        voteLabel=labels[distances.index(sortDist[i])]
        classCount[voteLabel]=classCount.get(voteLabel,0)+1
    sortedClass=sorted(classCount.items(),key=lambda d:d[1],reverse=True)
    return sortedClass[0][0]
def createDataSet():
    group=np.array([[1,1.1],[1,1],[0.9,0.8],[0,0],[0.1,0.1]])
    labels=['A','A','A','B','B']
    return group,labels
if __name__=='__main__':
    dataSet,labels=createDataSet()
    k=3
    Xtest_1=[0.1,0.3]
    Xtest_2=[1.1,1.2]
    r=classify_two(Xtest_1,dataSet,labels,k)
    print('测试向量',Xtest_1,'的类别为：',r)
    r=classify_two(Xtest_2,dataSet,labels,k)
    print('测试向量',Xtest_2,'的类别为：',r)
```

【分析讨论】

（1）绘制散点图，用于分析程序结果，理解分类预测的意义。

（2）假设测试向量 Xtest=[0.1,0.3]，分别对 k=3 和 k=5 进行实验，分析结果。绘制散点图，说明 k 的取值不同可能会导致不同的结果。

2. 使用 KNeighborsClassifier( ) 函数分类

实验 5.2 假设 D 盘 data_mining_sy 文件夹下 movies.xlsx 文件中的数据如表 1.5.3 所示，利用 KNeighborsClassifier( ) 预测 Xtest=['红海行动',88,50]属于哪类电影。

表 1.5.3　电影分类表

电影名称	武打镜头	甜蜜镜头	分类情况
大话西游	36	1	动作片
杀破狼	43	2	动作片
前任妻子	0	15	爱情片
战狼 2	59	1	动作片
泰坦尼克号	1	15	爱情片
星语心愿	2	19	爱情片
破镜重圆	0	16	爱情片
少林寺	53	2	动作片

程序代码如下：

```
from sklearn import neighbors
import pandas as pd
df=pd.read_excel('D:/data_mining_sy/movies.xlsx')
X=df[['武打镜头','甜蜜镜头']]
y=df[['分类情况']]
self=neighbors.KNeighborsClassifier(n_neighbors=3)
self.fit(X, y)
Xtest=[[88,50]]
print('影片红海行动属于类别：',self.predict(Xtest))
```

【分析讨论】

(1) 在该程序中如果 n_neighbors＝5，根据表 1.5.3 中的具体数据说明实验结果。

(2) 将表 1.5.1 和表 1.5.2 的数据用 KNeighborsClassifier() 进行预测，n_neighbors＝3，并与实验 5.1 的结果进行比较。

3. 确定 K 值

实验 5.3　在乳腺癌数据集 breast_cancer 上使用交叉验证方法确定 K 值。

程序代码如下：

```
import matplotlib.pyplot as plt
from sklearn import neighbors
from sklearn.datasets import load_breast_cancer
from sklearn.model_selection import train_test_split
from sklearn.model_selection import cross_val_score
data=load_breast_cancer()
X=data.data
y=data.target
X_train,X_test,y_train,y_test=train_test_split(X,y,test_size=0.3,random_state=420)                                              #①
k_scores=[]
k_range=range(1,51)                                             #②
```

```
for k in k_range:
    knn=neighbors.KNeighborsClassifier(n_neighbors=k)
    knn.fit(X_train,y_train)
    score=knn.score(X_test,y_test)
    k_scores.append(score)
plt.plot(k_range,k_scores)
plt.xlabel('Vlaue of K for KNN')
plt.ylabel('Cross-Validated Accuracy')
plt.show()
```

【分析讨论】

（1）说明注释①对应语句中多个参数的含义。

（2）运行程序，并分析结果。

（3）说明运行结果曲线的含义。

（4）如果注释②对应语句中的 range(1,51)改为 range(1,10)，运行程序，分析结果。

四、注意事项

（1）KNeighborsClassifier()的参数 n_neighbors＝3 时效果较好。

（2）在使用交叉验证方法确定 K 值时，范围越小越精确。

（3）K 取值的合理性取决于数据集的分布。

五、思考题

（1）KNN 算法主要用于解决分类问题，那么除了可以解决二分类问题，KNN 算法是否可以解决多分类问题？

（2）思考 KNN 分类时效率低下的原因。

（3）如何理解"K 值对分类有很大的影响"这句话？

实验六

决策树分类实验

一、实验目的

本实验要求学生理解使用 ID3 和 C4.5 算法进行分类预测的方法；了解使用 DecisionTreeClassifier()函数进行分类预测的方法。

二、实验内容

（1）使用 ID3 算法预测实验。

（2）使用 C4.5 算法预测实验。

（3）使用 DecisionTreeClassifier()函数预测实验。

三、实验指导

1. 使用 ID3 算法预测

实验 6.1 一个由 14 个样本组成的判断是否适合打垒球的数据表如表 1.6.1 所示，使用 ID3 算法根据给定的环境参数预测是否适合打垒球。

表 1.6.1 判断是否适合打垒球的数据表

天气	温度	湿度	风速	进行否	天气	温度	湿度	风速	进行否
晴	炎热	高	弱	取消	晴	适中	高	弱	取消
晴	炎热	高	强	取消	晴	寒冷	正常	弱	进行
阴	炎热	高	弱	进行	雨	适中	正常	弱	进行
雨	适中	高	弱	进行	晴	适中	正常	强	进行
雨	寒冷	正常	弱	进行	阴	适中	高	强	进行
雨	寒冷	正常	强	取消	阴	炎热	正常	弱	进行
阴	寒冷	正常	强	进行	雨	适中	高	强	取消

程序代码如下：

```python
from math import log
from operator import *
def storeTree(inputTree,filename):
    import pickle
    fw=open(filename,'wb')                    #pickle默认方式是二进制,需要指定'wb'
    pickle.dump(inputTree,fw)
    fw.close()
def grabTree(filename):
    import pickle
    fr=open(filename,'rb')                    #需要指定'rb',以byte形式读取
    return pickle.load(fr)
def createDataSet():
    dataSet=[['晴','炎热','高','弱','取消'],
    ['晴','炎热','高','强','取消'],['阴','炎热','高','弱','进行'],
    ['雨','适中','高','弱','进行'],['雨','寒冷','正常','弱','进行'],
    ['雨','寒冷','正常','强','取消'],['阴','寒冷','正常','强','进行'],
    ['晴','适中','高','弱','取消'],['晴','寒冷','正常','弱','进行'],
    ['雨','适中','正常','弱','进行'],['晴','适中','正常','强','进行'],
    ['阴','适中','高','强','进行'],['阴','炎热','正常','弱','进行'],
    ['雨','适中','高','强','取消']]
    return dataSet
def calcShannonEnt(dataSet):                  #计算香农熵
    numEntries=len(dataSet)
    labelCounts={}
    for featVec in dataSet:
        currentLabel=featVec[-1]              #取得最后一列数据
        if currentLabel not in labelCounts.keys():
            labelCounts[currentLabel]=0
        labelCounts[currentLabel]+=1
    shannonEnt=0.0
    for key in labelCounts:
        prob=float(labelCounts[key])/numEntries
        shannonEnt -=prob*log(prob,2)
    return shannonEnt
#定义按照某个特征进行划分的函数 splitDataSet()
#输入3个变量(待划分的数据集、特征、分类值)
def splitDataSet(dataSet,axis,value):
    retDataSet=[]
    for featVec in dataSet:                   #取大列表中的每个小列表
        if featVec[axis]==value:
            reduceFeatVec=featVec[:axis]
            reduceFeatVec.extend(featVec[axis+1:])
            retDataSet.append(reduceFeatVec)
    return retDataSet                         #返回不含划分特征的子集
def chooseBestFeatureToSplit(dataSet):
    numFeature=len(dataSet[0])-1
    baseEntropy=calcShannonEnt(dataSet)
```

```
    bestInforGain=0
    bestFeature=-1
    for i in range(numFeature):
        featList=[number[i] for number in dataSet]    #得到某个特征下的所有值(某列)
        uniqueVals=set(featList)                       #创建集合,得到所有属性(无重复)
        #计算信息增益
        newEntropy=0
        for value in uniquelVals:
            subDataSet=splitDataSet(dataSet,i,value)   #得到划分后的子集
            prob=len(subDataSet)/float(len(dataSet))   #计算子集的概率
            newEntropy+=prob*calcShannonEnt(subDataSet)
        inforGain=baseEntropy-newEntropy               #计算当前属性i的信息增益
        if inforGain>bestInforGain:
            bestInforGain=inforGain
            bestFeature=i
    return bestFeature                                 #返回最大信息增益属性的下标
#递归创建决策树,用于找出出现次数最多的分类名称
def majorityCnt(classList):
    classCount={}
    for vote in classList:                             #统计当前划分下每种情况的个数
        if vote not in classCount.keys():
            classCount[vote]=0
        classCount[vote]+=1
    sortedClassCount=sorted(classCount.items,key=operator.itemgetter(1),
reversed=True)                                         #reversed=True 表示由大到小排序
    #对字典中的元素按照value值由大到小排序
    return sortedClassCount[0][0]
def createTree(dataSet,labels):
    classList=[example[-1] for example in dataSet]
                        #创建数组存放所有标签值,取dataSet中的最后一列(结果)
    #若类别相同,停止划分
    if classList.count(classList[-1])==len(classList):
        #判断classList中是否都是一类,count()方法用于统计某个元素在列表中出现的次数
        return classList[-1]        #当都是一类时停止划分
    #长度为1,返回出现次数最多的类别
    if len(classList[0])==1:        #当没有更多特征时停止划分,即划分到最后一个特征
                                    #也没有把数据完全分开,返回出现次数最多的类别
        return majorityCnt(classList)
    #按照信息增益(最高)选取分类特征属性
    bestFeat=chooseBestFeatureToSplit(dataSet)
                                    #返回分类特征的序号,按照最大熵原则进行分类
    bestFeatLable=labels[bestFeat]  #存储分类特征的标签
    myTree={bestFeatLable:{}}       #根据分类特征的标签创建树
    del(labels[bestFeat])           #删除已经使用的特征标签
    featValues=[example[bestFeat] for example in dataSet]
    uniqueVals=set(featValues)
    for value in uniqueVals:
        subLabels=labels[:]         #创建子集,此时已经删除用于分类的特征的标签
        #递归创建决策树
```

```
                myTree[bestFeatLable][value]=createTree(splitDataSet(dataSet,
bestFeat,value),subLables)
        return myTree
if __name__=="__main__":
    labels=['天气','温度','湿度','风速']
    my_Data=createDataSet()
    Mytree=createTree(my_Data,labels)
    print(Mytree)
```

【分析讨论】

（1）运行程序，了解程序的运行流程，分析程序的运行结果。

（2）画出程序运行结果所给出决策树的属性图。

（3）预测 E={天气＝晴,温度＝适中,湿度＝正常,风速＝弱}的场合是否适合打垒球。

2. 使用 C4.5 算法预测

实验 6.2 对 Dataset.txt 文件中的数据使用 C4.5 算法进行分类预测。

程序代码如下：

```
from numpy import *
from scipy import *
from math import log
import operator
#计算给定数据的香农熵
def calcShannonEnt(dataSet):
    numEntries=len(dataSet)
    labelCounts={}                              #类别字典(类别的名称为键,类别的个数为值)
    for featVec in dataSet:
        currentLabel=featVec[-1]
        if currentLabel not in labelCounts.keys():   #还没有添加到字典中的类型
            labelCounts[currentLabel]=0;
        labelCounts[currentLabel]+=1;
    shannonEnt=0.0
    for key in labelCounts:                     #求出每种类型的熵
        prob=float(labelCounts[key])/numEntries #计算每种类型占所有类型的比值
        shannonEnt-=prob*log(prob,2)
    return shannonEnt;                          #返回熵
#按照给定的特征划分数据集
def splitDataSet(dataSet,axis,value):
    retDataSet=[]
    for featVec in dataSet:         #按 dataSet 中第 axis 列的值是否等于 value 进行划分
        if featVec[axis]==value:
                        #值等于 value 的,每一行为新的列表(删除第 axis 个数据)
            reducedFeatVec=featVec[:axis]
            reducedFeatVec.extend(featVec[axis+1:])
            retDataSet.append(reducedFeatVec)
    return retDataSet                           #返回不含划分特征的子集
#选择最好的数据集划分方式
def chooseBestFeatureToSplit(dataSet):
```

```python
    numFeatures=len(dataSet[0])-1                    #求属性的个数
    baseEntropy=calcShannonEnt(dataSet)
    bestInfoGain=0.0;bestFeature=-1
    for i in range(numFeatures):                     #求所有属性的信息增益
        featList=[example[i] for example in dataSet]
        uniqueVals=set(featList)                     #第 i 列属性的取值(不同值)的集合
        newEntropy=0.0
        splitInfo=0.0;
        for value in uniqueVals:          #求第 i 列属性每个不同值的熵与它们的概率
            subDataSet=splitDataSet(dataSet,i,value)
            prob=len(subDataSet)/float(len(dataSet))
                                                     #求出该值在 i 列属性中的概率
            newEntropy+=prob * calcShannonEnt(subDataSet)
                                                     #求 i 列属性各值对应的熵并求和
            splitInfo-=prob * log(prob,2);
        infoGain=(baseEntropy-newEntropy)/splitInfo;
                                                     #求出第 i 列属性的信息增益
        print(infoGain);
        if(infoGain>bestInfoGain):    #保存信息增益最大的信息增益属性的下标(列值 i)
            bestInfoGain=infoGain
            bestFeature=i
    return bestFeature
#找出出现次数最多的分类名称
def majorityCnt(classList):
    classCount={}
    for vote in classList:
        if vote not in classCount.keys(): classCount[vote]=0
        classCount[vote]+=1
    sortedClassCount=sorted(classCount.iteritems(),key=operator.itemgetter(1),
reverse=True)
    return sortedClassCount[0][0]
#创建树
def createTree(dataSet,labels):
    classList=[example[-1] for example in dataSet];
                    #创建训练数据的结果列表(如最外层的列表是[N,N,Y,Y,Y,N,Y])
    if classList.count(classList[0])==len(classList):
                               #如果所有的训练数据属于一个类别,则返回该类别
        return classList[0];
    if (len(dataSet[0])==1):   #训练数据只给出类别数据(没有给出任何属性值数据),
                               #返回出现次数最多的分类名称
        return majorityCnt(classList);
    bestFeat=chooseBestFeatureToSplit(dataSet);
                    #选择信息增益最大的属性进行分类(返回值是属性类型列表的下标)
    bestFeatLabel=labels[bestFeat]    #根据下标找属性名称作为树的根节点
    myTree={bestFeatLabel:{}}         #以 bestFeatLabel 为根节点创建一个空树
    del(labels[bestFeat])             #从属性列表中删除已经被选出来作为根节点的属性
    featValues=[example[bestFeat] for example in dataSet]
                                      #找出该属性的所有训练数据的值(创建列表)
    uniqueVals=set(featValues)     #求出该属性的所有值的集合(集合中的元素不能重复)
```

```python
        for value in uniqueVals:               #根据该属性的值求树的各个分支
            subLabels=labels[:]
            myTree[bestFeatLabel][value]=createTree(splitDataSet(dataSet,bestFeat,
value),subLabels)                              #根据各个分支递归创建树
        return myTree                          #生成的树
#使用决策树进行分类
def classify(inputTree,featLabels,testVec):
    firstStr=inputTree.keys()[0]
    secondDict=inputTree[firstStr]
    featIndex=featLabels.index(firstStr)
    for key in secondDict.keys():
        if testVec[featIndex]==key:
            if type(secondDict[key]).__name__=='dict':
                classLabel=classify(secondDict[key],featLabels,testVec)
            else: classLabel=secondDict[key]
    return classLabel
#读取数据文档中的训练数据(生成二维列表)
def createTrainData():
    lines_set=open('D:/data_mining_sy/Dataset.txt').readlines()
    labelLine=lines_set[2]
    labels=labelLine.strip().split()
    lines_set=lines_set[4:11]
    dataSet=[];
    for line in lines_set:
        data=line.split()
        dataSet.append(data)
    return dataSet,labels
#读取数据文档中的测试数据(生成二维列表)
def createTestData():
    lines_set=open('D:/data_mining_sy/ Dataset.txt').readlines()
    lines_set=lines_set[15:22]
    dataSet=[];
    for line in lines_set:
        data=line.strip().split()
        dataSet.append(data)
    return dataSet
myDat,labels=createTrainData()
myTree=createTree(myDat,labels)
print(myTree)
bootList=['outlook','temperature',' humidity','windy']
testList=createTestData()
for testData in testList:
    dic=classify(myTree,bootList,testData)
    print(dic)
```

【分析讨论】

（1）运行程序，了解程序的运行流程，分析程序的运行结果。

（2）画出程序运行结果所给出决策树的属性图。

（3）预测 E={天气=晴,温度=适中,湿度=正常,风速=弱}的场合是否适合打垒球。

3. 使用 DecisionTreeClassifier() 函数预测

实验 6.3 使用 iris 数据集预测花的品种。

iris 数据集是一个字典，可以看成 150 行 5 列的二维表。data 记录每个样本的 4 个特征值，target 记录品种数（用 0、1、2 表示），target_names 是具体的品种名称，feature_names 是具体的特征名称。

程序代码如下：

```
import numpy as np
from sklearn import tree
from sklearn.metrics import precision_recall_curve
from sklearn.metrics import classification_report
from sklearn.model_selection import train_test_split
from sklearn.datasets import load_iris
iris=load_iris()
x=np.array(iris.data)
y=np.array(iris.target)
#拆分训练数据和测试数据,test_size代表学习样本所占的比例,比例越大,学习的结果越准确
x_train,x_test,y_train,y_test=train_test_split(x,y,test_size=0.8)
#核心代码:使用信息熵作为划分标准,对决策树进行训练
clf=tree.DecisionTreeClassifier(criterion='entropy')
clf.fit(x_train,y_train)
#系数反映每个特征的影响力,值越大,表示该特征在分类中起到的作用越大
print(clf.feature_importances_)
#预测
answer=clf.predict(x_train)
print(answer)
#classification_report()函数用于显示主要分类指标的文本报告
answer=clf.predict(x)
print(classification_report(y,answer,target_names=['V','C','D']))
```

【分析讨论】

（1）运行程序，分析程序的运行结果。

（2）修改程序，用 DecisionTreeClassifier() 函数进行预测。

四、注意事项

（1）在利用决策树解题时，应该从决策树的末端开始，从后向前，一步一步地推进到决策树的始端。在向前推进的过程中，应该在每一阶段计算事件发生的期望值。

（2）决策树的最大缺点是原理中的贪心算法，因此它所做的选择只能是某种意义上的局部最优选择。

五、思考题

（1）信息增益与信息熵在表示信息量时的差异表现在哪些方面？哪个更有优越性？

（2）若某些自变量的类别较多，或者自变量是区间型，为什么决策树过拟合的危险会增大？

实验七 朴素贝叶斯分类实验

一、实验目的

本实验要求学生理解朴素贝叶斯算法的原理,掌握朴素贝叶斯模型的 Python 实现;了解适合用 GaussianNB() 分类的数据集分布,掌握相关参数的应用;了解用 MultinomialNB() 分类的方法,比较与 GaussianNB() 分类的不同。

二、实验内容

(1) 实现朴素贝叶斯算法实验。
(2) GaussianNB() 分类实验。
(3) MultinomialNB() 分类实验。

三、实验指导

1. 实现朴素贝叶斯算法

实验 7.1 使用朴素贝叶斯算法分类客户评论。

某服装电商的客户评论信息训练集如下:
(1) 衣服质量太差了!颜色根本不纯!
(2) 我有一种上当的感觉!
(3) 质量太差,衣服拿到手感觉像旧货!
(4) 衣服上身漂亮,合身,很帅,给卖家点赞!
(5) 穿上衣服帅呆了,给点一万个赞!
(6) 我在他家买了三件衣服!质量都很差!

使用朴素贝叶斯算法自动分类其他的评论:
(1) 这么差的衣服以后别卖了!
(2) 这衣服穿着很帅,也合适。

假设这些语句都已经进行了分词。
程序代码如下：

```python
from numpy import *
def loadDataSet():                          #创建一个实验样本集
    postingList=[['衣服','质量','太差了','!','颜色','根本','不纯','!'],
                 ['我有','一种','上当','的','感觉','!'],
                 ['质量','太差','衣服','拿到','手','感觉','像','旧货','!'],
                 ['衣服','上身','漂亮','合身','很帅','给','卖家','点赞','!'],
                 ['穿上','衣服','帅','呆了','给','点','一万','个','赞','!'],
                 ['我','在','他家','买了','三件','衣服','!','质量','都','很差','!']]
    classVec=[0,0,0,1,1,0]
    return postingList,classVec
#创建一个包含在所有文档中出现的不重复词的列表
def createVocabList(dataSet):
    vocabSet=set([])                        #创建一个空集
    for document in dataSet:
        vocabSet=vocabSet|set(document)     #创建两个集合的并集
    return list(vocabSet)
#将文档词条转换成词向量
def setOfWords2Vec(vocabList,inputSet):
    returnVec=[0] * len(vocabList)          #创建一个其中所含元素都为 0 的向量
    for word in inputSet:
        if word in vocabList:
            returnVec[vocabList.index(word)]+=1
                                            #文档的词袋模型,每个单词可以出现多次
        #else: print ("the word: %s is not in my Vocabulary!")
    return returnVec
#朴素贝叶斯分类器训练函数从词向量计算概率
def trainNB0(trainMatrix,trainCategory):
    numTrainDocs=len(trainMatrix)
    numWords=len(trainMatrix[0])
    pAbusive=sum(trainCategory)/float(numTrainDocs)
    #p0Num= zeros(numWords);p1Num= zeros(numWords)
    #p0Denom=0.0;p1Denom=0.0
    p0Num=ones(numWords)                    #避免一个概率值为 0,最后的乘积也为 0
    p1Num=ones(numWords)                    #用来统计两类数据中各词的词频
    p0Denom=2.0                             #用于统计 0 类中的总数
    p1Denom=2.0                             #用于统计 1 类中的总数
    for i in range(numTrainDocs):
        if trainCategory[i]==1:
            p1Num+=trainMatrix[i]
            p1Denom+=sum(trainMatrix[i])
        else:
            p0Num+=trainMatrix[i]
            p0Denom+=sum(trainMatrix[i])
    p1Vect=log(p1Num/p1Denom)               #在类 1 中每个词出现的概率
    p0Vect=log(p0Num/p0Denom)               #避免下溢出或者浮点数舍入导致的错误,
                                            #下溢出是由很多很小的数相乘得到的
```

```python
        return p0Vect,p1Vect,pAbusive
#朴素贝叶斯分类器
def classifyNB(vec2Classify,p0Vec,p1Vec,pClass1):
    p1=sum(vec2Classify * p1Vec)+log(pClass1)
    p0=sum(vec2Classify * p0Vec)+log(1.0-pClass1)
    if p1>p0:
        return 1
    else:
        return 0
def comment_ratings(x):
    if x==0:
        comment='差'
    else:
        comment='好'
    return comment
#def testingNB():
listOPosts,listClasses=loadDataSet()
myVocabList=createVocabList(listOPosts)
trainMat=[]
for postinDoc in listOPosts:
    trainMat.append(setOfWords2Vec(myVocabList,postinDoc))
p0V,p1V,pAb=trainNB0(array(trainMat),array(listClasses))
testEntry=['这么','差','的','衣服','以后','别','卖了','!']
thisDoc=array(setOfWords2Vec(myVocabList,testEntry))
print(testEntry,'评论的等级属于：',comment_ratings(classifyNB(thisDoc,p0V,p1V,pAb)))
testEntry=['这','衣服','穿着','很帅','也','合适','。']
thisDoc=array(setOfWords2Vec(myVocabList,testEntry))
print(testEntry,'评论等级属于：',comment_ratings(classifyNB(thisDoc,p0V,p1V,pAb)))
```

【分析讨论】

（1）运行程序，了解程序的运行流程，分析程序的运行结果。

（2）如果从程序中删除 comment_ratings() 函数，要求达到同样的效果，应该如何修改？

（3）假设客户评论信息训练集预先没有分词，利用 jieba 分词工具完善本实验。

2. GaussianNB() 分类

在使用 GaussianNB() 的 fit() 方法拟合数据后可以进行预测，此时预测有 3 种方法，分别是 predict、predict_log_proba 和 predict_proba。

（1）predict 方法是人们常用的预测方法，直接给出测试集的预测类别输出。

（2）predict_proba 给出测试集样本在各个类别上预测的概率。它预测出的各个类别概率中的最大值对应的类别，也就是 predict 方法得到的类别。

（3）predict_log_proba 和 predict_proba 类似，它会给出测试集样本在各个类别上预测概率的一个对数转换。转换后 predict_log_proba 预测出的各个类别对数概率中的最大值对应的类别，也就是 predict 方法得到的类别。

实验 7.2 GaussianNB()分类预测。

程序代码如下：

```python
import numpy as np
from sklearn.naive_bayes import GaussianNB
X=np.array([[-1,-1],[-2,-1],[-3,-2],[1,1],[2,1],[3,2]])
Y=np.array([1,1,1,2,2,2])
Xtest=[-0.8,-1]
clf=GaussianNB()
#拟合数据
clf.fit(X,Y)
print("==由 predict 给出测试结果==")
print(clf.predict([Xtest]))
print("==由 predict_proba 给出测试结果==")
print(clf.predict_proba([Xtest]))
print("==由 predict_log_proba 给出测试结果==")
print(clf.predict_log_proba([Xtest]))
```

【分析讨论】

(1) 运行程序,分析程序的运行结果。

(2) 假设训练数据集[0,4,5],[0,5,0],[3,3,3],[4,0,6],[6,0,0],[4,5,6]对应的类别为[0,0,0,1,1,1],预测向量[0,4,4]的类别,如果为 0 类别,输出"数据符合要求",否则输出"数据不符合要求"。

3. MultinomialNB()分类

实验 7.3 MultinomialNB()分类预测。

程序代码如下：

```python
import numpy as np
from sklearn.naive_bayes import MultinomialNB
from sklearn.datasets import load_iris
iris=load_iris()                          #加载 iris 数据集
X=iris.data
y=iris.target
Xtest=np.array([4.1,2.1,1,0.15])
clf=MultinomialNB()
clf.fit(X,y)
yy=clf.predict([Xtest])
result='山鸢尾'
if yy==1:
    result='杂色鸢尾'
else:
    result='维吉尼亚鸢尾'
result_1='属于'+result+'花'
print(Xtest,result_1)
```

【分析讨论】

(1) 运行程序,分析程序的运行结果。

(2) 源数据为 X=np.random.randint(5, size=(6, 100)),类别为 y=np.array([1, 2, 3, 4, 5, 6]),编程预测 X[2:3]的类别。

四、注意事项

(1) 朴素贝叶斯算法对缺失数据不太敏感,算法简单,常用于文本的分类(如新闻分类、垃圾邮件过滤等)。

(2) 由于朴素贝叶斯算法使用了样本属性独立性的假设,所以如果样本属性有关联效果不好。

(3) 一般来说,如果样本特征大部分是连续值,使用 GaussianNB()比较好;如果样本特征大部分是多元离散值,则使用 MultinomialNB()比较合适。

五、思考题

(1) 朴素贝叶斯中的"朴素"二字就代表该算法对概率事件做了很大的简化,简化的内容是什么?

(2) MultinomialNB()实现了服从多项分布数据的朴素贝叶斯算法,为什么说它在文本分类方面具有优势?

实验八

支持向量机实验

一、实验目的

本实验要求学生掌握支持向量机分类算法的原理，了解 Python 实现支持向量机分类算法的过程；熟练使用 SVC()函数实现分类，理解 SVC()函数中的 C 值对分类结果的影响；掌握使用支持向量机进行分类预测的方法。

二、实验内容

(1) 支持向量机分类算法实验。
(2) SVC()函数分类实验。
(3) SVC()函数中的 C 值对分类结果的影响实验。
(4) 支持向量机分类预测实验。

三、实验指导

1. 支持向量机分类算法

实验 8.1　D 盘 data_mining_sy 文件夹下的 data.txt 文件中存储了有关数据，使用支持向量机算法编程，计算 w 和 b 及其他一些参数。

程序代码如下：

```
from numpy import *
import matplotlib.pyplot as plt
from sklearn import svm
import numpy as np
def getDataArray(lists,xMat):
    x=np.ndarray(len(lists))
    y=np.ndarray(len(lists))
    count=0
    for i in lists:
```

```python
            x[count]=xMat[i,0]
            y[count]=xMat[i,1]
            count+=1
    return x,y
def loadData():                                         #加载数据
    fp=open('D:/data_mining_sy/data.txt')
    linesData=fp.readlines()                            #按行读取数据
    dataSet=[]
    labelSet=[]
    for oneLine in linesData:
        oneLine=oneLine.split(',')
        dataSet.append([float(oneLine[0].strip()),float(oneLine[1].strip())])
        labelSet.append(float(oneLine[2].strip()))
    return dataSet,labelSet
class SVM:
    def __init__(self,xSet,yArray,C=None,floatingPointError=0.0001):
        self.xMat=np.mat(xSet)                          #(48,2)
        self.yMat=np.mat(yArray).T                      #(48,1)
        self.rows=self.xMat.shape[0]
        self.cols=self.xMat.shape[1]
        self.alpha=np.mat(np.zeros(self.rows)).T        #(48,1)
        self.w=None                                     #最后返回,不需要计算过程
        self.b=0
        self.C=C                                        #C=None 时表示 hard margin
        self.fpe=floatingPointError
        self.trainCount=0                               #记录训练次数
        self.K=np.matmul(self.xMat,self.xMat.transpose())
        self.EiCatch=np.zeros(self.rows)                #Ei 缓存
        self.updateEi_catch()
    def predict(self,xArray):
        resultList=[]
        for i in range(len(xArray)):
            v=np.sum(np.multiply(xArray[i],self.w))+self.b
            if v>0:
                resultList.append(1)
            else:
                resultList.append(-1)
        return resultList
    def score(self,xArray,yArray):
        resultList=self.predict(xArray)
        count=0
        for i in range(len(yArray)):
            if resultList[i]==yArray[i]:
                count+=1
        return round(count/len(yArray) * 100,2)
    def train(self, maxCount, debug):
        self.trainCount=0
        while self.trainCount<maxCount:
            self.update_allPoints(debug)
```

```python
            self.trainCount+=1
        print(self.alpha)                               #打印alpha信息
        return self.w,self.b
    def update_allPoints(self,debug=None):
        count=0
        for alpha2_index in range(self.rows):
            if self.check_alpha2_needUpdate(alpha2_index):
                alpha1_index=self.selectAlpha1_index(alpha2_index)
                self.update_alpha_and_b(alpha1_index, alpha2_index)
                self.w=np.matmul(np.multiply(self.yMat,self.alpha).T,self.xMat)
                                                        #计算w
                if debug:
                    print(self.alpha)                   #打印alpha信息
                    self.classifyDataAndPlot()          #画图
                    print("调整次数:{}".format(count+1))
                count+=1
                print(self.EiCatch)                     #打印Ei信息
    def check_alpha2_needUpdate(self,alpha2_index):
        Ei=self.EiCatch[alpha2_index]
        yi=self.yMat[alpha2_index,0]
        alpha2=self.alpha[alpha2_index,0]
        fx=self.cal_Fx(alpha2_index)
        if alpha2<0 or alpha2>self.C:
            return True
        if yi==1 and fx>=1:
            return False
        elif yi==-1 and fx<=-1:
            return False
        #考虑是否有足够的空间调整
        #Ei不为0时,alpha应该是0,如果不是就要调整,alpha2的调整量是-yi*Ei,如
        #果是正数,alpha增加,但如果已经是C就不用处理了
        alpha2_change_direction=-yi*Ei
        if alpha2_change_direction>self.fpe and alpha2<self.C:
            return True
        elif alpha2_change_direction<-self.fpe and alpha2>0:
            return True
        else:
            return False
    def update_alpha_and_b(self,alpha1_index,alpha2_index):
        alpha1_old=self.alpha[alpha1_index,0]
        alpha2_old=self.alpha[alpha2_index,0]
        y1=self.yMat[alpha1_index,0]
        y2=self.yMat[alpha2_index,0]
        alpha2_new_chiped=self.get_alpha2_new_chiped(alpha1_index,alpha2_index)
        alpha1_new=alpha1_old+y1*y2*(alpha2_old-alpha2_new_chiped)
        b_new=self.get_b_new(alpha1_index,alpha2_index,alpha1_new,alpha2_new_chiped)
        alpha2_new_chiped=round(alpha2_new_chiped,5)    #最后更新数据
        alpha1_new=round(alpha1_new,5)
```

```python
                b_new=round(b_new,5)
                self.alpha[alpha1_index,0],self.alpha[alpha2_index,0]=alpha1_new,
        alpha2_new_chiped
                self.b=b_new
                self.updateEi_catch()                           #更新 EiCatch
                return True
            def get_b_new(self,alpha1_index,alpha2_index,alpha1_new,alpha2_new_
        chiped):
                alpha1_old=self.alpha[alpha1_index,0]
                alpha2_old=self.alpha[alpha2_index,0]
                y1=self.yMat[alpha1_index,0]
                y2=self.yMat[alpha2_index,0]
                K11=self.K[alpha1_index,alpha1_index]
                K12=self.K[alpha1_index,alpha2_index]
                K22=self.K[alpha2_index,alpha2_index]
                E1=self.EiCatch[alpha1_index]
                E2=self.EiCatch[alpha2_index]
                b1New=self.b-E1+y1*K11*(alpha1_old-alpha1_new)+y2*K12*(alpha2_
        old-alpha2_new_chiped)
                b2New=self.b-E2+y1*K12*(alpha1_old-alpha1_new)+y2*K22*(alpha2_
        old-alpha2_new_chiped)
                #只有符合的 alpha_new 才能用来调整 b
                if self.C is None:
                    alpha1_valid=True if 0<alpha1_new<self.fpe else False
                    alpha2_valid=True if 0<alpha2_new_chiped else False
                else:
                    alpha1_valid=True if 0<alpha1_new<self.C else False
                    alpha2_valid=True if 0<alpha2_new_chiped<self.C else False
                if alpha1_valid:
                    b=b1New
                elif alpha2_valid:
                    b=b2New
                else:
                    b=(b1New+b2New)/2
                return b
            def check_kkt_status(self):
                if not(-self.fpe<np.sum(np.multiply(self.yMat,self.alpha))<self.fpe):
                                                            #yi 和 alpha 的乘积和为 0
                    return False
                for i in range(len(self.alpha)):            #检查每个 alpha
                    if self.check_satisfiy_kkt_onePoint(i)==False:
                        return False
                return True
            def cal_Ei(self,index):
                v=self.cal_Fx(index)-self.yMat[index,0]
                return round(v,5)
            def cal_Fx(self,index):
                v=float(np.multiply(self.alpha,self.yMat).T*self.K[:,index]+self.b)
                                                            #(1,48)*(48,1)=1
```

实验八 支持向量机实验

```
            return round(v,5)
    def updateEi_catch(self):
        for i in range(self.rows):                    #alpha 变动的时候更新
            v=self.cal_Ei(i)
            self.EiCatch[i]=v
        return True
    def check_alpha2_vaild(self,alpha1_index,alpha2_index,Ei_list):
        if alpha1_index==alpha2_index:                #计算更新量是否满足
            return False
        alpha2_new_chiped=self.get_alpha2_new_chiped(alpha1_index,alpha2_index,Ei_list)
        alpha2_old=self.alpha[alpha2_index,0]
        if None==alpha2_new_chiped:
            return False
        else:
            if abs(alpha2_new_chiped-alpha2_old)>self.fpe:
                return True
            else:
                return False
    def get_alpha2_new_chiped(self,alpha1_index,alpha2_index):
        alpha2_old=self.alpha[alpha2_index,0]
        y2=self.yMat[alpha2_index,0]
        E1=self.EiCatch[alpha1_index]
        E2=self.EiCatch[alpha2_index]
        eta=self.K[alpha1_index,alpha1_index]+self.K[alpha2_index,alpha2_index]-2.0*self.K[alpha1_index,alpha2_index]
        if eta==0:
            return None
        try:
            alpha2_new_unc=alpha2_old+(y2*(E1-E2)/eta)
            alpha2_new_chiped=self.get_alpha2_chiped(alpha2_new_unc,alpha1_index,alpha2_index)
        except:
            print()
        return alpha2_new_chiped
    def get_alpha2_chiped(self,alpha2_new_unc,alpha1_index,alpha2_index):
        y1=self.yMat[alpha1_index,0]
        y2=self.yMat[alpha2_index,0]
        alpha1=self.alpha[alpha1_index,0]
        alpha2=self.alpha[alpha2_index,0]
        if self.C is None:
            if y1==y2:                                #hard margin
                H=alpha1+alpha2
                L=0
            else:
                H=None
                L=max(0,alpha2-alpha1)
        else:
            if y1==y2:                                #soft margin
```

```python
                    H=min(self.C,alpha1+alpha2)
                    L=max(0,alpha1+alpha2-self.C)
                else:
                    H=min(self.C,self.C-alpha1+alpha2)
                    L=max(0,alpha2-alpha1)
        alpha2_new_chiped=None
        if alpha2_new_unc<L:
            alpha2_new_chiped=L
        else:
            if H is None:
                alpha2_new_chiped=alpha2_new_unc
            else:
                if alpha2_new_unc>H:
                    alpha2_new_chiped=H
                else:
                    alpha2_new_chiped=alpha2_new_unc
        return alpha2_new_chiped
    def classifyDataAndPlot(self):
        sv_array=[]                                  #把支持向量取出来
        for i in range(self.rows):
            if 0<self.alpha[i]<self.C:
                sv_array.append(i)
        print("共有支持向量的数量:",len(sv_array))
        sv_positive_list=[]              #把点区分为4种,并区分正、负例点是否为支持向量
        sv_negtive_list=[]
        no_sv_negtive_list=[]
        no_sv_positive_list=[]
        for i in range(self.rows):
            yi=self.yMat[i,0]
            if i in sv_array:
                if yi==1:
                    sv_positive_list.append(i)
                else:
                    sv_negtive_list.append(i)
            else:
                if yi==1:
                    no_sv_positive_list.append(i)
                else:
                    no_sv_negtive_list.append(i)
        #画点
        sv_p_x,sv_p_y=getDataArray(sv_positive_list,self.xMat)
        sv_n_x,sv_n_y=getDataArray(sv_negtive_list,self.xMat)
        nosv_p_x,nosv_p_y=getDataArray(no_sv_positive_list,self.xMat)
        nosv_n_x,nosv_n_y=getDataArray(no_sv_negtive_list,self.xMat)
        plt.scatter(sv_p_x,sv_p_y,s=20,marker="+",c="r")
        plt.scatter(sv_n_x,sv_n_y,s=20,marker=" * ",c="blue")
        plt.scatter(nosv_p_x,nosv_p_y,s=20,marker="+",c="orange")
        plt.scatter(nosv_n_x,nosv_n_y,s=20,marker=" * ",c="g")
        #画线
```

```python
            #w0=self.w[0,0].flatten
            print("w:",self.w)
            print("b:",self.b)
            #画 wx+b=0 的实线
            X1=np.linspace(-2,3,2).reshape(2,1)
            X2_0=(0-self.b-self.w[0,0] * X1)/self.w[0,1]
            plt.plot(X1,X2_0,color='red',linewidth=0.5,linestyle="-")
            #画 wx+b=+1 和 wx+b=-1 的虚线
            X2_positive=(1-self.b-self.w[0,0] * X1)/self.w[0,1]
            X2_negtive=(-1-self.b-self.w[0,0] * X1)/self.w[0,1]
            plt.plot(X1,X2_positive,color='red',linewidth=0.5,linestyle="--")
            plt.plot(X1,X2_negtive,color='red',linewidth=0.5,linestyle="--")
            sk=[-0.93105886,0.82281036]
            skLearnW=np.array(sk)
            skLearnB=-5.39363898
            X2_sklearn=(0-skLearnB-skLearnW[0] * X1)/skLearnW[1]
            plt.plot(X1,X2_sklearn,color='blue',linewidth=0.5,linestyle="-")
            plt.rcParams['font.family']=['sans-serif']  #显示中文
            plt.rcParams['font.sans-serif']=['SimHei']
            plt.rcParams['axes.unicode_minus']=False
                                    #解决保存的图像是负号'-'显示为方块的问题
            title="迭代次数:"+str(self.trainCount)+",支持向量的数量:"+str(len(sv_array))
            plt.title(title)
            plt.show()
        def selectJrand(self,i):
            j=i
            while i==j:
                j=int(np.random.uniform(0,self.rows))
            return j
        def selectAlpha1_index(self,alpha2_index):
            #非零 alpha 是支持向量的概率大
            E2=self.EiCatch[alpha2_index]
            nonZeroList=[]
            for i in range(self.rows):
                alpha=self.alpha[i,0]
                if 0<alpha<self.C:
                    nonZeroList.append(i)
            if len(nonZeroList)==0:
                return self.selectJrand(alpha2_index)
            else:
                maxDiff=0
                j=-1
                for i in range(len(nonZeroList)):
                    row=nonZeroList[i]
                    if row==alpha2_index:
                        continue
                    else:
                        E1=self.EiCatch[row]
```

```python
                        if abs(E1-E2)>maxDiff:
                            maxDiff=abs(E1-E2)
                            j=row
                if j==-1:
                    return self.selectJrand(alpha2_index)
                else:
                    return j
    def runWithSklearn(trainX,trainY):
        classifier=svm.SVC(kernel='linear')
        classifier.fit(trainX,trainY)
        value_predict=classifier.predict(trainX)
        count=0
        errIndex=[]
        for i in range(len(value_predict)):
            predict=value_predict[i]
            if predict==trainY[i]:
                count+=1
            else:
                errIndex.append(i)
        print("准确率{:.2%}".format(count/len(trainY)))
        print("err:",errIndex)
        print('Coefficients:%s,intercept %s' %(classifier.coef_,classifier.intercept_))
        print('Score: %.2f' %classifier.score(trainX,trainY))
        return classifier.coef_[0],classifier.intercept_[0]
    def runMySvm():
        xSet,ySet=loadData()
        classifier=SVM(xSet,ySet,C=2)
        #debug模式每次迭代更新一次图,可以看动画的效果
        w,b=classifier.train(100,debug=False)
        score=classifier.score(xSet,ySet)
        print("正确率:",score)
        classifier.classifyDataAndPlot()
    def runSklearn():
        trainX,trainY=loadData()
        w,b=runWithSkleran(trainX,trainY)
        print("w",w)
        print("b",b)
    if __name__=='__main__':
        import sys
        runMySvm()
        sys.exit()
```

【分析讨论】

（1）参考注释了解程序各部分的功能,以进一步理解支持向量机算法的原理。

（2）运行程序,分析程序的运行结果。

（3）假设数据集为[[−1,−1],[−2,−1],[1,1],[2,1]],对应的类别集为[1,1,2,2],修改程序,求出w和b的值。

2. SVC()函数分类

(1) 实现线性分类。

实验 8.2 使用 Python 实现支持向量机算法。

程序代码如下:

```
import numpy as np
import matplotlib.pyplot as plt
from sklearn.datasets import make_blobs
from sklearn.svm import SVC
def plot_svc_decision_function(model, ax=None, plot_support=True):
    if ax is None:
        ax=plt.gca()
    xlim=ax.get_xlim()                                          #找出图片 x 轴和 y 轴的边界
    ylim=ax.get_ylim()
    x=np.linspace(xlim[0],xlim[1],30)
    y=np.linspace(ylim[0],ylim[1],30)
    Y,X=np.meshgrid(y,x)
    #形成图片上的所有坐标点(900,2),即 900 个二维点
    xy=np.vstack([X.ravel(),Y.ravel()]).T
    P=model.decision_function(xy).reshape(X.shape)    #计算每个点到边界的距离(30,30)
    #绘制等高线(距离边界为 0 的实线,以及距离边界为 1 的过支持向量的虚线)
    ax.contour(X,Y,P,colors='k',levels=[-1,0,1],alpha=0.5,linestyles=['--',
'-','--'])
    #圈出支持向量
    if plot_support:
        #model.support_vectors_函数可打印出所有支持向量的坐标
        ax.scatter(model.support_vectors_[:,0],model.support_vectors_[:,1],
s=200,c='',edgecolors='k')
    ax.set_xlim(xlim)
    ax.set_ylim(ylim)
    plt.show()
#随机生成点,n_samples 为样本点的个数;centers 设置样本点分为几类;random_state 设置
每次随机生成的数一致;cluster_std 为每类样本点间的离散程度,值越大离散程度越大
X,y=make_blobs(n_samples=50,centers=2,random_state=0,cluster_std=0.60)
plt.scatter(X[:,0],X[:,1],c=y,cmap='summer')           #画出所有样本点
model=SVC(kernel='linear')                             #使用线性分类
model.fit(X,y)
plot_svc_decision_function(model)
```

【分析讨论】

① 运行程序,分析程序的运行结果。

② 验证主教材中的例 6.17,求出 SVM 分类超平面。

(2) 实现非线性分类——引入核函数。

程序代码如下:

```
import numpy as np
import matplotlib.pyplot as plt
from sklearn.datasets import make_circles
```

```python
from sklearn.svm import SVC
def plot_svc_decision_function(model,ax=None,plot_support=True):
    if ax is None:
        ax=plt.gca()
    xlim=ax.get_xlim()
    ylim=ax.get_ylim()
    x=np.linspace(xlim[0],xlim[1],30)
    y=np.linspace(ylim[0],ylim[1],30)
    Y,X=np.meshgrid(y,x)
    xy=np.vstack([X.ravel(),Y.ravel()]).T
    P=model.decision_function(xy).reshape(X.shape)
    ax.contour(X,Y,P,colors='k',levels=[-1,0,1],alpha=0.5,linestyles=['--','-','--'])
    if plot_support:
        ax.scatter(model.support_vectors_[:,0],model.support_vectors_[:,1],s=200,c='',edgecolors='k')
    ax.set_xlim(xlim)
    ax.set_ylim(ylim)
    plt.show()
X,y=make_circles(100,factor=.1,noise=.1)
plt.scatter(X[:,0],X[:,1],c=y,s=50,cmap='summer')
clf=SVC(kernel='linear').fit(X,y)
plot_svc_decision_function(clf,plot_support=False)
```

【分析讨论】

① 运行程序,分析程序的运行结果。

② 在实验 8.2 中,如果用下列数据集进行 SVC() 函数分类,运行程序并分析结果。

```python
X,y=make_circles(100, factor=.1, noise=.1)
plt.scatter(X[:, 0], X[:, 1], c=y, s=50, cmap='summer')
clf=SVC(kernel='rbf', C=1E6)
clf.fit(X,y)
plot_svc_decision_function(clf)
```

3. SVC()函数中的 C 值对分类结果的影响

实验 8.3 展示 SVC() 函数中的 C 值对分类结果的影响。

程序代码如下:

```python
import numpy as np
import matplotlib.pyplot as plt
from sklearn.datasets import make_blobs
from sklearn.svm import SVC
def plot_svc_decision_function(model,ax=None,plot_support=True):
    if ax is None:
        ax=plt.gca()
    xlim=ax.get_xlim()
    ylim=ax.get_ylim()
    x=np.linspace(xlim[0],xlim[1],30)
    y=np.linspace(ylim[0],ylim[1],30)
```

```
    Y,X=np.meshgrid(y,x)
    xy=np.vstack([X.ravel(),Y.ravel()]).T
    P=model.decision_function(xy).reshape(X.shape)
    ax.contour(X,Y,P,colors='k',levels=[-1,0,1],alpha=0.5,linestyles=['--',
'-','--'])
    if plot_support:
        ax.scatter(model.support_vectors_[:,0],model.support_vectors_[:,1],s
=200,c='',edgecolors='k')
    ax.set_xlim(xlim)
    ax.set_ylim(ylim)
    plt.show()
C=10.0
X,y=make_blobs(n_samples=100,centers=2,random_state=0,cluster_std=0.8)
fig=plt.figure()
ax=fig.add_subplot(111)
fig.subplots_adjust(left=0.0625,right=0.95,wspace=0.1)
model=SVC(kernel='linear',C=C).fit(X,y)
ax.scatter(X[:,0],X[:,1],c=y,s=50,cmap='summer')
plot_svc_decision_function(model,ax)
```

【分析讨论】

(1) 运行程序，分析程序的运行结果。

(2) 若程序中 C 的取值分别为 3.0 和 0.1，运行程序分析其结果，看有什么规律。

(3) 简单修改实验 8.3，测试 gamma 值对分类结果的影响（gamma＝10.0,3.0,0.1）。

4. 支持向量机分类预测

实验 8.4 利用鸢尾花数据集分离的训练集和测试集来训练 SVC 模型，计算分类模型的精确度，并预测给定向量的类别。

程序代码如下：

```
from sklearn.svm import SVC
from sklearn.datasets import load_iris
from sklearn.model_selection import train_test_split
import numpy as np
dataset=load_iris()
X=dataset.data
y=dataset.target
Xd_train,Xd_test,y_train,y_test=train_test_split(X,y,random_state=14)
clf=SVC()
clf=clf.fit(Xd_train,y_train)
y_predicted=clf.predict(Xd_test)
accuracy=np.mean(y_predicted==y_test) * 100
print("y_test\n",y_test)
print ("y_predicted\n",y_predicted)
print ("accuracy:",accuracy)
Xtest=[6.2,3.1,5.1,1.8]
pre=clf.predict([Xtest])
print(Xtest,"The category to which you belong is: ",pre)
```

【分析讨论】

（1）运行程序,分析程序的运行结果。

（2）修改程序,数据集为[[-1,-1],[-2,-1],[1,1],[2,1]],对应的类别集为[1,1,2,2],预测向量 Xtest=[-0.8,-1]所属的类别。

四、注意事项

（1）SVC()函数中的 C 值越大意味着分类越严格,即不能有错误;当 C 趋近于很小的数时意味着可以容忍存在更大的错误。

（2）SVC()函数中的参数必须是['linear','poly','rbf','sigmoid','precomputed']中的一个,默认为'rbf'。

（3）SVC()函数中的 gamma 值越大模型越复杂,会导致过拟合,但对线性核函数无影响。

五、思考题

（1）支持向量机的主要思想是什么?

（2）支持向量机为什么要引入核函数?核函数的作用是什么?

实验九

分类模型评估实验

一、实验目的

本实验要求学生掌握分类性能评估指标的概念,并能用 Python 编程求出;了解 P-R 曲线和 ROC 曲线的意义,掌握用 Python 绘制 P-R 曲线和 ROC 曲线的方法。

二、实验内容

(1) 分类性能评估指标实验。

(2) Python 生成 P-R 曲线实验。

(3) Python 生成 ROC 曲线实验。

三、实验指导

1. 分类性能评估指标

常用的分类性能评估指标有正确率(Accuracy)、精确率(Precision)、召回率(Recall)、F1(调和平均值),分别通过内置函数 accuracy_score()、precision_score()、recall_score()、f1_score()计算。使用分类性能评估指标需要导入相应的函数库:

```
from sklearn.metrics import accuracy_score
from sklearn.metrics import precision_score
from sklearn.metrics import recall_score
from sklearn.metrics import f1_score
```

实验 9.1 常用分类性能评估指标的 Python 实现。

程序代码如下:

```
import numpy as np
from sklearn.datasets import load_iris
from sklearn.linear_model import LogisticRegression
```

```python
from sklearn.model_selection import train_test_split
from sklearn.metrics import confusion_matrix
import matplotlib.pyplot as plt
from sklearn.metrics import accuracy_score
from sklearn.metrics import precision_score
from sklearn.metrics import recall_score
from sklearn.metrics import f1_score
import warnings
plt.rcParams["font.family"]="SimHei"
plt.rcParams["axes.unicode_minus"]=False
plt.rcParams["font.size"]=12
warnings.filterwarnings("ignore")
iris=load_iris()
X,y=iris.data,iris.target
X=X[y!=0,:]          #去掉类别0,使用类别1和类别2进行二分类
y=y[y!=0]
y[y==1]=0            #将类别1重定义为0,将类别2重定义为1,符合人们使用0和1的习惯
y[y==2]=1
X_train,X_test,y_train,y_test=train_test_split(X,y,test_size=0.25,random_state=2)
lr=LogisticRegression()
lr.fit(X_train,y_train)
y_hat=lr.predict(X_test)
#传入真实值与预测值,创建混淆矩阵
matrix=confusion_matrix(y_true=y_test,y_pred=y_hat)
print("所得混淆矩阵为:\n",matrix)
mat=plt.matshow(matrix,cmap=plt.cm.Blues,alpha=0.5)        #将混淆矩阵可视化
label=["负例","正例"]
ax=plt.gca()
ax.set(xticks=np.arange(matrix.shape[1]),yticks=np.arange(matrix.shape[0]),
xticklabels=label,yticklabels=label,title="将混淆矩阵可视化\n",ylabel="真实值",xlabel="预测值")
for i in range(matrix.shape[0]):
    for j in range(matrix.shape[1]):
        plt.text(x=j,y=i,s=matrix[i,j],va="center",ha="center")
a,b=ax.get_ylim()
ax.set_ylim(a+0.5,b-0.5)
plt.show()
print("正确率:",accuracy_score(y_test,y_hat))
#用内置函数precision_score()计算精确率,默认将类别1视为正例,可以通过pos_label
#参数指定
print("精确率:",precision_score(y_test,y_hat))
print("召回率:",recall_score(y_test,y_hat))
print("F1(调和平均值):",f1_score(y_test,y_hat))
```

【分析讨论】

(1) 参考注释了解程序各部分的功能,理解混淆矩阵的计算思想。

(2) 运行程序,分析程序的运行结果。

(3) 假设给出的分类结果为 y_pred=[0,1,0,0],y_true=[0,1,1,1],用 Python 编

程求出分类性能评估指标正确率(Accuracy)、精确率(Precision)、召回率(Recall)和 F1(调和平均值)。

2. 生成 P-R 曲线的 Python 实现

在很多情况下可以根据分类模型的预测结果对样例进行排序,排在前面的是分类模型认为"最可能"是正例的样本,排在最后的是分类模型认为"最不可能"是正例的样本。按此顺序分别把样例作为正例进行预测,则每次可以计算出当前的精准率和召回率。以精确率(Precision)为纵轴,以召回率(Recall)为横轴作图,就得到了精确率-召回率曲线,简称"P-R 曲线"。

P-R 曲线的评估方法:若一个学习器 A 的 P-R 曲线被另一个学习器 B 的 P-R 曲线完全包住,则称 B 的性能优于 A;若 A 和 B 的曲线发生了交叉,则曲线下的面积大的性能更优。一般来说,曲线下的面积是很难估算的,因此衍生出了"平衡点"(Break-Event Point,BEP),即当 P=R 时的取值,平衡点的取值越高,性能越优。

实验 9.2 导入手写数据集 digits,对逻辑回归和 SVM 两种训练模型绘制 P-R 曲线。在实验中采用 one-hot 编码方式。

程序代码如下:

```
from sklearn import datasets
from sklearn.model_selection import train_test_split
from sklearn.preprocessing import StandardScaler,label_binarize
import numpy as np
import matplotlib.pyplot as plt
from sklearn.metrics import precision_recall_curve,average_precision_score
from sklearn.linear_model import LogisticRegression
from sklearn.multiclass import OneVsRestClassifier
from sklearn.svm import SVC
def data_preprocessing():
    mnist=datasets.load_digits()                    #导入手写数据集
    X,y=mnist.data,mnist.target                     #拆分数据与标签
    random_state=np.random.RandomState(0)
    n_samples,n_features=X.shape
    X=np.c_[X,random_state.randn(n_samples,10 * n_features)]
    X=StandardScaler().fit_transform(X)             #将数据标准化
    y=label_binarize(y,classes=np.unique(y))        #one-hot 编码方式
    #划分数据集,shuffle 表示打乱数据的顺序,stratify 表示分层采样
    X_train,X_test,y_train,y_test=train_test_split(X,y,test_size=0.3,random_state=0,shuffle=True,stratify=y)
    return X_train,X_test,y_train,y_test
def  train_model(model,X_train,X_test,y_train,y_test):
    clf=OneVsRestClassifier(model)                  #由于使用了 one-hot 编码方式,这里也要
                                                    #使用对应的模型
    clf.fit(X_train,y_train)
    y_score=clf.decision_function(X_test)
    return y_score
def micro_PR(y_score):
    precision=dict()                                #对每一个类别计算性能指标
```

```
    recall=dict()
    average_precision=dict()
    n_classes=y_score.shape[1]              #.shape 会返回一个元组,存储行和列,取
                                            #第二个数,也就是列
    for i in range(n_classes):
        precision[i],recall[i],_=precision_recall_curve(y_test[:,i],y_score[:,i])
        average_precision[i]=average_precision_score(y_test[:,i],y_score[:,i])
    precision["micro"],recall["micro"],_=precision_recall_curve(y_test.
ravel(),y_score.ravel())                    #.ravel()将一个矩阵进行平展操作
    average_precision["micro"]=average_precision_score(y_test,y_score,
average="micro")
    return precision,recall,average_precision
def plt_show(precision,recall,average_precision,model_name):
    #绘制 P-R 曲线,使用阶梯图
    label=model_name+"AP={0:0.2f}".format(average_precision["micro"])
    plt.step(recall["micro"],precision["micro"],where='post',lw=2,label=
label)
#新建画布
plt.figure("P-R 曲线")
X_train,X_test,y_train,y_test=data_preprocessing()
#逻辑回归
y_score=train_model(LogisticRegression(),X_train,X_test,y_train,y_test)
precision,recall,average_precision=micro_PR(y_score)
plt_show(precision,recall,average_precision,"LogisticRegression")
#SVM
y_score=train_model(SVC(),X_train,X_test,y_train,y_test)
precision,recall,average_precision=micro_PR(y_score)
plt_show(precision,recall,average_precision,"SVM")
plt.xlabel("Recall")
plt.ylabel("Precision")
plt.grid()
plt.plot([0,1.05],[0,1.05],color="navy",ls="--")
plt.legend(fontsize=8)
plt.xlim(0,1.05)
plt.ylim(0,1.05)
plt.title("SVM and LogisticRegression P-R curve")
plt.show()
```

【分析讨论】

(1) 阅读程序,结合注释理解各模块的功能。

(2) 运行程序,分析运行结果并给出结论。

(3) 使用 randint(0,2,size=100)初始化样本标签,假设 1 为正例、0 为负例,rand(100)函数产生 100 个样本值为正例的概率,绘制 P-R 图。

3. 生成 ROC 曲线的 Python 实现

ROC 曲线的纵轴为真正率(True Positive Rate,TPR),横轴为假正率(False Positive Rate,FPR)。真正率和假正率可以通过移动分类模型的阈值进行计算,随着阈值的改变,真正率和假正率也会发生改变,从而在 ROC 曲线的坐标上形成多个点。

ROC 曲线反映了在 FPR 和 TPR 之间权衡的情况，在 TPR 随着 FPR 递增的情况下，TPR 增长得越快，曲线越往上凸，则模型的分类性能越好。ROC 曲线如果为对角线，则可以理解为随机猜测；如果在对角线以下，则其性能比随机猜测还要差；如果 ROC 曲线的真正率为 1、假正率为 0，即曲线为 x=0 与 y=1 构成的折线，则此时的分类器是最完美的。

AUC(Area Under the Curve)是指 ROC 曲线下的面积，使用 AUC 值作为评价标准是因为有时候 ROC 曲线并不能清晰地说明哪个分类器的效果更好，而 AUC 作为数值可以直观地评价分类器的好坏。AUC 的取值范围为[0.5,1]，值越大越好，0.5 对应对角线的"随机猜测模型"，小于 0.5 的值把结果取反即可。

实验 9.3 使用鸢尾花数据集进行分类预测，先求出 TPR 和 FPR，再根据结果绘制 ROC 曲线，并求出 AUC。

程序代码如下：

```
import numpy as np
from sklearn.metrics import roc_curve
from sklearn.model_selection import train_test_split
from sklearn.linear_model import LogisticRegression
from sklearn import datasets
import matplotlib.pyplot as plt
iris=datasets.load_iris()
X,y=iris.data,iris.target
X=X[y!=0,:]                        #去掉类别 0,使用类别 1 和类别 2 进行二分类
y=y[y!=0]
y[y==1]=0              #将类别 1 重定义为 0,将类别 2 重定义为 1,符合人们使用 0 和 1 的习惯
y[y==2]=1
X_train,X_test,y_train,y_test=train_test_split(X,y,test_size=0.25,random_state=2)
lr=LogisticRegression()
lr.fit(X_train,y_train)
probo=lr.predict_proba(X_test)     #使用概率作为每个样本数据的分值
fpr,tpr,thresholds=roc_curve(y_true=y_test,y_score=probo[:,1],pos_label=1)
"""
roc_curve:返回 ROC 曲线的相关值(FPR、TPR 和阈值),当分值达到阈值时,将样本判定为正例,否则判定为负例。
fpr:对应每个阈值(thresholds)下的 fpr 值。
tpr:对应每个阈值(thresholds)下的 tpr 值。
thresholds:阈值。
y_true:二分类的标签值(真实值)。
y_score:每个标签(数据)的分值或概率值。当该值达到阈值时,判定为正例,否则判定为负例。在实际模型评估中,y_score 值往往通过决策函数(decision_function)或者概率函数(predict_proba)获得。
pos_label:指定正例的标签值。
"""
print("类别 1 的概率值:",probo[:,1])
```

```
#从概率中选择若干元素作为阈值,在每个阈值下都可以确定一个 tpr 和 fpr
print("阈值:",thresholds)
print("TPR 值:",tpr)
print("FPR 值:",fpr)
plt.figure(figsize=(10,6))
plt.rcParams["font.family"]="SimHei"
plt.rcParams["axes.unicode_minus"]=False
#每个 tpr 和 fpr 对应 ROC 曲线上的一个点,将这些点进行连接,就可以绘制 ROC 曲线
plt.plot(fpr,tpr,marker="o",label="ROC 曲线")
plt.plot([0,1],[0,1],lw=2,ls="--",label="随机猜测")
plt.plot([0,0,1],[0,1,1],lw=2,ls="-.",label="完美预测")
plt.xlim(-0.01,1.02)
plt.ylim(-0.01,1.02)
plt.xticks(np.arange(0,1.1,0.1))
plt.yticks(np.arange(0,1.1,0.1))
plt.xlabel("False Positive Rate(FPR)")
plt.ylabel("True Positive Rate(TPR)")
plt.grid()
plt.title("ROC 曲线")
plt.legend()
plt.show()
```

【分析讨论】

(1) 阅读程序,结合注释理解各部分的功能。

(2) 运行程序,分析程序的运行结果。

(3) 以支持向量机模型为例(gamma=0.05),使用 roc_curve()函数绘制 ROC 曲线,思路如下:

① 导入需要使用的包。

```
from sklearn.svm import SVC
from sklearn.metrics import roc_curve
from sklearn.datasets import make_blobs
from sklearn.model_selection import train_test_split
import matplotlib.pyplot as plt
```

② 使用 make_blobs(n_samples=(4000,500), cluster_std=[7,2], random_state=0) 函数生成一个二分类的数据不平衡数据集。

③ 使用 train_test_split 函数划分训练集和测试集数据。

④ 训练 SVC 模型。

试编程实现。

四、注意事项

(1) 在二分类模型预测中,虽然存在众多的评估指标,但所有的指标其实都衍生自混淆矩阵。

(2) 对于多分类的问题,使用 one-hot 编码方式会更好。

(3) ROC 曲线既可以进行二分类评价,也可以进行多分类评价。

五、思考题

(1) 精确率(Precision)是评估分类模型的一个重要指标,为什么不能只用精确率来评估分类模型的优劣？试举例说明。

(2) ROC 曲线上靠近点(1,0)和点(0,1)的意义是什么？

实验十

基于划分的聚类实验

一、实验目的

本实验要求学生理解 k-means 算法的原理,熟练掌握使用 k-means 算法进行聚类的方法和使用 KMeans()函数进行聚类的方法;理解 k-medoids 算法的原理,熟练掌握使用 k-medoids 算法进行聚类的方法和使用 KMedoids()函数进行聚类的方法。

二、实验内容

(1) k-means 算法聚类实验。
(2) KMeans()函数聚类实验。
(3) k-medoids 算法聚类实验。
(4) KMedoids()函数聚类实验。

三、实验指导

1. 使用 k-means 算法进行聚类

实验 10.1 鸢尾花数据集中包含 3 个不同品种的鸢尾花(Setosa、Versicolor、Virginica)的数据,使用 k-means 算法实现对鸢尾花品种的区分,最后进行可视化。

程序代码如下:

```
from numpy import *
import matplotlib.pyplot as plt
import pandas as pd
#导入数据集
url="https://archive.ics.uci.edu/ml/machine-learning-databases/iris/iris.data"
names=['sepal-length', 'sepal-width', 'petal-length', 'petal-width', 'class']
dataset=pd.read_csv(url, names=names)
def distEclud(vecA, vecB):                          #两个向量间的欧几里得距离
```

```python
    return sqrt(sum(power(vecA-vecB, 2)))        #la.norm(vecA-vecB)
#初始化聚类中心:以在区间范围内随机产生的值作为新的中心点
def randCent(dataSet, k):
    n=shape(dataSet)[1]                          #获取特征维度
    centroids=mat(zeros((k,n)))                  #创建聚类中心
    for j in range(n):                           #遍历 n 维特征
        minJ=min(dataSet[:,j])                   #第 j 维特征属性值
        rangeJ=float(max(dataSet[:,j])-minJ)     #区间值,float 类型数据
        centroids[:,j]=mat(minJ+rangeJ * random.rand(k,1))
                                                 #第 j 维,每次随机生成 k 个中心
    return centroids
def randChosenCent(dataSet,k):
    m=shape(dataSet)[0]                          #样本数
    centroidsIndex=[]                            #初始化列表
    dataIndex=list(range(m))                     #生成类似于样本索引的列表
    for i in range(k):
        randIndex=random.randint(0,len(dataIndex))   #生成随机数
        centroidsIndex.append(dataIndex[randIndex])
                                                 #将随机产生的样本的索引放入 centroidsIndex
        del dataIndex[randIndex]                 #删除已经被抽中的样本
    centroids=dataSet.iloc[centroidsIndex]       #根据索引获取样本
    return mat(centroids)
def kMeans(dataSet, k):
    m=shape(dataSet)[0]                          #样本的总数
    #分配样本到最近的簇:[簇序号,距离的平方]
    clusterAssment=mat(zeros((m,2)))             #m 行 2 列
    #通过随机产生的样本初始化聚类中心
    centroids=randChosenCent(dataSet,k)
    print('最初的中心=',centroids)
    clusterChanged=True
                    #标志位,如果迭代前后样本的分类发生变化,值为 True,否则为 False
    iterTime=0                                   #查看迭代次数
    while clusterChanged:                        #所有样本的分配结果不再改变,迭代终止
        clusterChanged=False
        #分配到最近的聚类中心对应的簇中
        for i in range(m):
            minDist=inf                          #初始定义距离为无穷大
            minIndex=-1                          #初始化索引值
            for j in range(k):                   #计算每个样本与 k 个中心点的距离
                distJI=distEclud(centroids[j,:],dataSet.values[i,:])
                    #计算第 i 个样本到第 j 个中心点的距离
                if distJI<minDist:               #判断距离是否为最小距离
                    minDist=distJI               #更新获取到最小距离
                    minIndex=j                   #获取对应的簇序号
            if clusterAssment[i,0] !=minIndex:
                #样本上次的分配结果和本次不一样,标志位 clusterChanged 置 True
                clusterChanged=True
            clusterAssment[i,:]=minIndex,minDist**2  #分配样本到最近的簇
        iterTime+=1
```

```python
            sse=sum(clusterAssment[:,1])
            print('the SSE of %d'%iterTime+'th iteration is %f'%sse)
            #更新聚类中心
            for cent in range(k):              #样本分配结束后重新计算聚类中心
                ptsInClust=dataSet.iloc[nonzero(clusterAssment[:,0].A==cent)[0]]
                                    #获取该簇所有的样本点
                centroids[cent,:]=mean(ptsInClust,axis=0)
                                    #更新聚类中心:axis=0沿列方向求均值
        return centroids, clusterAssment
def kMeansSSE(dataSet,k,distMeas=distEclud,createCent=randChosenCent):
    m=shape(dataSet)[0]
    clusterAssment=mat(zeros((m,2)))     #分配样本到最近的簇:[簇序号,距离的平方]
    #初始化聚类中心
    centroids=createCent(dataSet, k)
    print('initial centroids=',centroids)
    sseOld=0
    sseNew=inf
    iterTime=0                              #查看迭代次数
    while(abs(sseNew-sseOld)>0.0001):
        sseOld=sseNew
        #将样本分配到最近的质心对应的簇中
        for i in range(m):
            minDist=inf;minIndex=-1
            for j in range(k):
                #计算第i个样本与第j个质心之间的距离
                distJI=distMeas(centroids[j,:],dataSet.values[i,:])
                #获取到第i样本与最近的质心的距离及对应的簇序号
                if distJI<minDist:
                    minDist=distJI;minIndex=j
            clusterAssment[i,:]=minIndex,minDist**2   #分配样本到最近的簇
        iterTime+=1
        sseNew=sum(clusterAssment[:,1])
        print('the SSE of %d'%iterTime+'th iteration is %f'%sseNew)
        #更新聚类中心
        for cent in range(k):
            #样本分配结束后重新计算聚类中心
            ptsInClust=dataSet[nonzero(clusterAssment[:,0].A==cent)[0]]
            #按列取平均,array类型
            centroids[cent,:]=mean(ptsInClust,axis=0)
    return centroids, clusterAssment
#二维数据聚类效果的显示
def datashow(dataSet,k,centroids,clusterAssment):    #二维空间显示聚类结果
    from matplotlib import pyplot as plt
    num,dim=shape(dataSet)                        #样本数和维数
    if dim!=2:
        print('sorry,the dimension of your dataset is not 2!')
        return 1
    marksamples=['or','ob','og','ok','^r','^b','<g']   #样本图形标记
    if k>len(marksamples):
```

```
            print('sorry,your k is too large,please add length of the marksample!')
            return 1
        #绘制所有样本
        for i in range(num):
            markindex=int(clusterAssment[i,0])        #矩阵形式转换为int值,簇序号
            #特征维对应坐标轴;样本图形标记及大小
            plt.plot(dataSet.iat[i,0],dataSet.iat[i,1],marksamples[markindex],
markersize=6)
        #绘制中心点
        markcentroids=['o','*','^']                   #聚类中心图形标记
        label=['0','1','2']
        c=['yellow','pink','red']
        for i in range(k):
            plt.plot(centroids[i,0],centroids[i,1],markcentroids[i],markersize=
15,label=label[i],c=c[i])
            plt.legend(loc='upper left')
        plt.xlabel('sepal length')
        plt.ylabel('sepal width')
        plt.title('k-means cluster result')           #标题
        plt.show()
def originalDatashow(dataSet):                        #在聚类前绘制原始的样本点
    num,dim=shape(dataSet)                            #样本的个数和特征维数
    marksamples=['ob']                                #样本图形标记
    for i in range(num):
        plt.plot(datamat.iat[i,0],datamat.iat[i,1],marksamples[0],markersize=5)
    plt.title('original dataset')
    plt.xlabel('sepal length')
    plt.ylabel('sepal width')                         #标题
    plt.show()
if __name__=='__main__':
    datamat=dataset.loc[:,['sepal-length','sepal-width']]   #获取样本数据
    labels=dataset.loc[:,['class']]                   #真实的标签
    originalDatashow(datamat)                         #原始数据的显示
    k=3                                               #用户定义聚类数
    mycentroids,clusterAssment=kMeans(datamat,k)
    datashow(datamat,k,mycentroids,clusterAssment)    #绘图及显示
```

【分析讨论】

(1) 结合注释了解程序各部分的功能,理解 k-means 算法的思想。

(2) 运行程序,分析程序的运行结果。

(3) 选取鸢尾花的 4 个特征中的前 3 个特征,根据主教材中 4.5.2 节的内容,利用 Matplotlib 在笛卡儿坐标系的 3 个坐标轴下绘制三维散点图。

2. KMeans()函数聚类的 Python 实现

实验 10.2 生成一个样本大小为 2500×2 的随机数据集。

为了形成 5 个中心,这里先用随机函数 normal() 生成 5 个随机数组,再用 vstack() 函数实现多维数组的合并。

程序代码如下:

```python
from sklearn.cluster import KMeans
import matplotlib.pyplot as plt
import numpy as np
#利用 vstack()函数实现多维数组合并的效果,当 axis 参数值为 0 时是在 Y 轴方向合并,当
#参数值为 1 时是在 X 轴方向合并
#创建 5 个随机的数据集
dim=2
N=100
x1=np.random.normal(1,.2,(N,dim))
x2=np.random.normal(2.4,.2,(N,dim))
x3=np.random.normal(1.6,.4,(N,dim))
x4=np.random.normal(1.2,.6,(N,dim))
x5=np.random.normal(1,.4,(N,dim))
data=np.vstack((x1,x2,x3,x4,x5))
plt.plot(x1[:,0],x1[:,1],'oy',markersize=0.8)
plt.plot(x2[:,0],x2[:,1],'og',markersize=0.8)
plt.plot(x3[:,0],x3[:,1],'ob',markersize=0.8)
plt.plot(x4[:,0],x4[:,1],'om',markersize=0.8)
plt.plot(x5[:,0],x5[:,1],'oc',markersize=0.8)
k=KMeans(n_clusters=5,random_state=0).fit(data)
t=k.cluster_centers_                                #获取数据中心点
plt.plot(t[:,0],t[:,1],'r*',markersize=16)          #显示这 5 个中心点,五角星标记
plt.title('KMeans Clustering')
plt.box(False)
plt.xticks([])                                      #去掉坐标轴的标记
plt.yticks([])
plt.show()
```

【分析讨论】

(1) 了解 random()函数的应用,解释 normal(1,2,(4,2))的意义。

(2) 运行程序,分析运行结果并给出问题的结论。

(3) 生成一个大小为 100、特征数为 3 的随机数据样本数据集,利用 KMeans()函数构造一个聚类数为 3 的聚类器,输出聚类标签(labels_)、聚类中心(cluster_centers_)和聚类准则的总和(inertia_)。

3. 使用 k-medoids 算法进行聚类

实验 10.3 使用 make_blobs()函数生成数据集,使用 k-medoids 算法进行聚类。

程序代码如下:

```python
import numpy as np
from scipy.spatial.distance import cdist
from sklearn.datasets import make_blobs
import random
import matplotlib.pyplot as plt
import copy
#两个向量的欧几里得距离
def distEclud(vecA,vecB):
    return np.sqrt(np.sum(np.power(vecA-vecB,2)))
```

```python
def total_cost(dataMat,medoids):
    """
    计算总代价
    :param dataMat: 数据对象集
    :param medoids: 中心对象集，它是一个字典
    0:0-cluster 的索引;1:1-cluster 的索引;k:k-cluster 的索引;cen_idx:存放中心对象的索引;t_cost:存放总的代价
    """
    med_idx=medoids["cen_idx"]               #中心对象的索引
    k=len(med_idx)                            #中心对象的个数
    cost=0
    medObject=dataMat[med_idx,:]
    dis=cdist(dataMat,medObject,'euclidean')
                                              #计算所有样本对象和每个中心对象的距离
    cost=dis.min(axis=1).sum()
    medoids["t_cost"]=cost
#根据距离重新分配数据样本
def Assment(dataMat,medoids):
    med_idx=medoids["cen_idx"]               #中心点索引
    med=dataMat[med_idx]                      #得到中心点对象
    k=len(med_idx)                            #类簇个数
    dist=cdist(dataMat,med,'euclidean')
    idx=dist.argmin(axis=1)                   #最小距离对应的索引
    for i in range(k):
        medoids[i]=np.where(idx==i)           #第 i 个簇的成员的索引
def medoid(data,k):
    data=np.mat(data)
    N=len(data)                               #总样本个数
    cur_medoids={}
    cur_medoids["cen_idx"]=random.sample(set(range(N)),k)
                                              #随机生成 k 个中心对象的索引
    Assment(data,cur_medoids)
    total_cost(data,cur_medoids)
    old_medoids={}
    old_medoids["cen_idx"]=[]
    iter_counter=1
    while not set(old_medoids['cen_idx'])==set(cur_medoids['cen_idx']):
        print("iteration counter:",iter_counter)
        iter_counter=iter_counter+1
        best_medoids=copy.deepcopy(cur_medoids)
        old_medoids=copy.deepcopy(cur_medoids)
        for i in range(N):
            for j in range(k):
                if not i==j:                  #用非中心点对象依次替换中心点对象
                    tmp_medoids=copy.deepcopy(cur_medoids)
                    tmp_medoids["cen_idx"][j]=i
                    Assment(data,tmp_medoids)
                    total_cost(data,tmp_medoids)
                    if(best_medoids["t_cost"]>tmp_medoids["t_cost"]):
```

```
                    best_medoids=copy.deepcopy(tmp_medoids)
                                            #替换中心点对象
            cur_medoids=copy.deepcopy(best_medoids)
                                     #将最好的中心点对象对应的字典信息返回
            print("current total cost is:",cur_medoids["t_cost"])
        return cur_medoids
data,target=make_blobs(n_samples=100,n_features=2,centers=3)
k=3
medoids=medoid(data,k)
fig=plt.figure()
rect=[0.1,0.1,0.8,0.8]              #figure的百分比,从figure 10%的位置
                                    #开始绘制,宽、高是figure的80%
ax1=fig.add_axes(rect,label='ax1',frameon=True)
ax1.set_title('Clusters Result')
ax1.scatter(data[medoids[0],0],data[medoids[0],1],c='r')
                                    #不同簇具有不同颜色
ax1.scatter(data[medoids[1],0],data[medoids[1],1],c='g')
ax1.scatter(data[medoids[2],0],data[medoids[2],1],c='y')
ax1.scatter(data[medoids['cen_idx'],0],data[medoids['cen_idx'],1],marker='x',
s=500)
plt.show()
```

【分析讨论】

(1) 结合注释阅读程序,理解各部分的功能。注意中心对象集 medoids 是一个字典结构:

```
medoids={'0':0-cluster 的数据对象索引列表;
         '1':1-cluster 的数据对象索引列表;
         ...
         'k-1':0-cluster 的数据对象索引列表;
         'cen_idx':中心点对象的索引列表;
         't_cost':总代价}
```

另外,程序中语句 dist.argmin(axis=1)的功能是沿着行的方向寻找最小值的索引,这里要求 dist 必须是数组类型。

(2) 运行程序,分析程序的运行结果。

(3) 在实验 10.3 中用到 scipy.spatial.distance 模块提供的多个计算样本对象距离的函数,这样比自己手写计算距离的函数要快很多,查询相关资料了解该模块。

4. KMedoids()函数聚类的 Python 实现

在 Sklearn 的扩展聚类模块 scikit-learn-extra 中包含 KMedoids()函数。

实验 10.4 KMedoids()函数聚类的 Python 实现。

程序代码如下:

```
import numpy as np
from sklearn_extra.cluster import KMedoids
import matplotlib.pyplot as plt
from sklearn.datasets import load_iris
```

```
iris=load_iris()
X=iris.data[:,:2]
clf=KMedoids(n_clusters=3)
pre=clf.fit_predict(X)
plt.rcParams['font.family']='STSong'
plt.rcParams['font.size']=12
plt.title("KMedoids 聚类示例")
plt.xlabel("第一个分量")
plt.ylabel("第二个分量")
m=[k[0] for k in X]                    #遍历第一个分量
n=[k[1] for k in X]                    #遍历第二个分量
plt.scatter(m,n,c=pre,marker='X')
plt.show()
```

【分析讨论】

(1) 运行程序,分析程序的运行结果。

(2) 参照实验10.2,使用 normal(1,.2,(N,dim))、normal(2,.4,2,(N,dim)) 和 normal(3,.4,(N,dim)) 函数生成 3 组数据,再使用 vstack() 函数实现多维数组的合并,使用 KMedoids() 函数聚类,并进行可视化。

四、注意事项

(1) k-means 算法随机初始化中心点,不同初始化的中心点对于结果的影响比较大。

(2) 当存在噪声和离群点时,使用 k-medoids 算法比使用 k-means 算法更好。

(3) k-means 算法每次迭代的复杂度是 $O(nkt)$,其中 n 是样本总数,k 是簇数,t 是迭代次数。

(4) k-medoids 算法每次迭代的复杂度是 $O(k(n-k)^2)$,显然是非常耗时的。

五、思考题

(1) 为什么说 k-means 算法对于"异常值"十分敏感?

(2) 为什么说 k-medoids 算法能解决 k-means 算法中的"异常值"敏感这个问题?

(3) 如何理解外部模块 Pycluster 包和 scikit-learn-extra 模块中 KMedoids() 函数的意义?

实验十一

基于层次的聚类实验

一、实验目的

本实验要求学生掌握层次聚类的原理及 AGNES 算法的应用;掌握使用 AgglomerativeClustering()函数进行聚类的方法;了解使用 SciPy 中的 dendrogram()函数绘制聚类分析树状图的方法。

二、实验内容

(1) AGNES 算法聚类实验。

(2) AgglomerativeClustering()函数聚类实验。

(3) 使用 Python 绘制聚类分析树状图实验。

三、实验指导

1. AGNES 聚类算法的 Python 实现

实验 11.1 在 D:/data_mining_sy 文件夹下的数据集文件 data_set.txt 中每 3 个数据为一组,分别是西瓜的编号、密度、含糖量,利用 AGNES 算法进行聚类。

程序代码如下:

```
import math
import pylab as pl
fp="D:/data_mining_sy/data_set.txt"
f=open(fp,'r',encoding='utf-8')
data=f.read()
a=data.split(',')
dataset=[(float(a[i]),float(a[i+1])) for i in range(1,len(a)-1,3)]
def dist(a,b):                                #计算欧几里得距离,a 和 b 为两个元组
    return math.sqrt(math.pow(a[0]-b[0],2)+math.pow(a[1]-b[1],2))
def dist_min(Ci,Cj):
```

```
        return min(dist(i,j) for i in Ci for j in Cj)
def dist_max(Ci,Cj):
        return max(dist(i,j) for i in Ci for j in Cj)
def dist_avg(Ci,Cj):
        return sum(dist(i,j) for i in Ci for j in Cj)/(len(Ci) * len(Cj))
def find_Min(M):                                    #找到距离最小的下标
    min=1000
    x=0;y=0
    for i in range(len(M)):
        for j in range(len(M[i])):
            if i!=j and M[i][j]<min:
                min=M[i][j];x=i;y=j
    return(x,y,min)
def AGNES(dataset,dist,k):                          #算法模型
    C=[];M=[]                                       #初始化C和M
    for i in dataset:
        Ci=[]
        Ci.append(i)
        C.append(Ci)
    for i in C:
        Mi=[]
        for j in C:
            Mi.append(dist(i,j))
        M.append(Mi)
    q=len(dataset)
    while q>k:                                      #合并更新
        x,y,min=find_Min(M)
        C[x].extend(C[y])
        C.remove(C[y])
        M=[]
        for i in C:
            Mi=[]
            for j in C:
                Mi.append(dist(i,j))
            M.append(Mi)
        q -=1
    return C
def draw(C):                                        #画图
    colValue=['r','y','g','b','c','k','m']
    for i in range(len(C)):
        coo_X=[]                                    #x坐标列表
        coo_Y=[]                                    #y坐标列表
        for j in range(len(C[i])):
            coo_X.append(C[i][j][0])
            coo_Y.append(C[i][j][1])
        pl.scatter(coo_X,coo_Y,marker='x',color=colValue[i%len(colValue)],label=i)
    pl.legend(loc='upper right')
    pl.show()
```

```
C=AGNES(dataset,dist_avg,3)
draw(C)
```

【分析讨论】

(1) 结合注释了解程序各部分的功能,理解 AGNES 算法的思想。

(2) 运行程序,分析程序的运行结果。

(3) 在实验 11.1 中将数据集文件换成"D:/data_mining_sy"下的 test_set.txt 进行聚类,分析聚类结果。

2. AgglomerativeClustering() 函数聚类的 Python 实现

实验 11.2 使用 AgglomerativeClustering() 函数进行聚类。

程序代码如下:

```
import numpy as np
from sklearn.cluster import AgglomerativeClustering
import random
import matplotlib.pyplot as plt
dim=2
N=100
x1=np.random.normal(1,.2,(N,dim))
x2=np.random.normal(2.4,.5,(N,dim))
x3=np.random.normal(3.2,.4,(N,dim))
data=np.vstack((x1,x2,x3))
point_random=list(data)
group_size=3                                    #簇族分组数量
cls=AgglomerativeClustering(n_clusters=group_size,linkage='ward')
cluster_group=cls.fit(np.array(point_random))
cnames=['black','blue','red']
for point,gp_id in zip(point_random,cluster_group.labels_):
    plt.scatter(point[0], point[1], s=5, c=cnames[gp_id], alpha=1)
                                                #放到 plt 中展示
plt.show()
```

【分析讨论】

(1) 运行程序,分析运行结果并给出问题的结论。

(2) 理解 AgglomerativeClustering() 函数的聚类原理及常用参数的意义。

(3) 分析并解释下列程序的运行结果。

```
import pandas as pd
import numpy as np
from sklearn.cluster import AgglomerativeClustering
variables=['X','Y','Z']
labels=['ID_1','ID_2','ID_3','ID_4','ID_5']
X=np.random.random_sample([5,3]) * 10
df=pd.DataFrame(X,columns=variables,index=labels)
print("Original DataFrame:\n",df)
ac= AgglomerativeClustering(n_clusters = 3, affinity = ' euclidean ', linkage = 'complete')
```

```
labels=ac.fit_predict(X)
print("Cluster Labels: %s" %labels)
```

3. 使用 Python 绘制聚类分析树状图

在进行层次聚类时,最常用的分析方法就是绘制树状图。聚类的层次可以被表示成树形图(dendrogram),树根是拥有所有样本的唯一聚类,叶子是仅有一个样本的聚类。

Python 绘制树状图常用以下两种工具。

(1) plotly 库。plotly 是一个免费的开源绘图库,它与 Matplotlib 绘图库、seaborn 绘图库之间彼此独立,有着自己独特的绘图语法、绘图参数和绘图原理。

plotly 常用 graph_objs 和 expression 两个绘图模块。其中,graph_objs 相当于 Matplotlib,在数据组织上比较费劲,但是绘图更简单、更好看;expression 库相当于 seaborn,在数据组织上比较容易,绘图也更简单。

安装 plotly 使用 pip install plotly。

(2) SciPy 中的 dendrogram()函数。SciPy 是一个用于数学、科学、工程领域的常用软件包,可以处理最优化、线性代数、积分、插值、拟合、特殊函数、快速傅里叶变换、信号处理、图像处理、常微分方程数值解的求解等。

Scikit-learn 没有绘制树状图的功能,需要借助 SciPy 库完成 Scikit-learn 里面没有层次聚类的函数。

使用 dendrogram()函数可以绘制聚类分析树状图。linkage()函数用于计算两个聚类簇 s 和 t 之间的距离 d(s,t),这个函数用在层次聚类之前。当 s 和 t 形成一个新的聚类簇 u 时,s 和 t 将从已经形成的聚类簇群中移除,而用新的聚类簇 u 来代替。当聚类簇群中只有一个聚类簇时算法停止。这个聚类簇就成了聚类树的根。

实验 11.3 使用 dendrogram()函数绘制聚类分析树状图。

程序代码如下:

```
import numpy as np
import numpy as np
from scipy.cluster.hierarchy import dendrogram, linkage
from scipy.spatial.distance import squareform
import matplotlib.pyplot as plt
mat=np.array([[0,13.32,6.29,37.46,71.39],[13.32,0,7.20,26.08,60.07],[6.29,
7.20,0,32.18,66.07],[37.46,26.08,32.18,0,34.78],[71.39,60.07,66.07,34.78,0]])
#将 array 转化为 squareform
dists=squareform(mat)
#这里的 linkage 可以为 single、complete、average、weighted、centroid 等
linkage_type="complete"
linkage_matrix=linkage(dists, linkage_type)
#下方 A、B、C、D、E 分别为矩阵对应的点距离
dendrogram(linkage_matrix, labels=["A","B","C","D","E"])
#显示图片标题与展示图片
plt.title(linkage_type+"link")
plt.show()
```

【分析讨论】

（1）查阅相关资料，了解 Python 的 SciPy 模块中 dendrogram() 和 linkage() 函数的常用参数。

（2）参照实验 11.3，运行下列程序，分析运行结果。

```
import numpy as np
from scipy.cluster.hierarchy import dendrogram, linkage,fcluster
from matplotlib import pyplot as plt
X=[[i] for i in [2, 8, 0, 4, 1, 9, 9, 0]]
Z=linkage(X, method='centroid')
f=fcluster(Z,t=3,criterion='distance')
fig=plt.figure(figsize=(5, 3))
dn=dendrogram(Z)
print('Z:\n', Z)
print('f:\n', f)
plt.show()
```

四、注意事项

（1）层次聚类是在不同层次上对数据进行划分，从而形成树状的聚类结构。

（2）AgglomerativeClustering() 函数自底而上进行层次聚类，能够根据指定的相似度或距离定义计算出类之间的距离。

（3）使用 SciPy 中的 linkage() 函数进行层次聚类，当 X=linkage(y, method='single', metric='euclidean') 时，y 是距离矩阵，可以理解成特征矩阵($m*n$)，其中的 m 行代表 m 条记录，n 代表 n 个特征。

五、思考题

（1）依据对相似度（距离）的不同定义，将 AgglomerativeClustering() 的聚类方法分为哪几种？

（2）在层次聚类中，对于合并两个簇，凝聚层次聚类算法趋向于做出好的局部决策，为什么说这种方法阻碍了局部最优标准转化为全局最优标准？

（3）为什么说传统层次聚类算法中的第三步"重新计算所有类之间的距离"是整个过程中效率的瓶颈？

实验十二

基于密度的聚类实验

一、实验目的

本实验要求学生理解密度聚类算法和 OPTICS 聚类算法的原理,掌握使用 Python 实现数据密度聚类的方法;掌握使用 DBSCAN()函数和 OPTICS()函数进行数据密度聚类的方法。

二、实验内容

(1) 密度聚类算法实验。
(2) DBSCAN()函数聚类实验。
(3) OPTICS 聚类算法实验。
(4) OPTICS()函数聚类实验。

三、实验指导

1. 密度聚类算法的 Python 实现

实验 12.1 在"D:/data_mining_sy"文件夹下的数据集文件 data_set.txt 中每 3 个数据为一组,分别是经过标准化的西瓜编号、密度、含糖量。假设半径 ε=0.11,最小阈值 MinPts=5,使用 Python 实现密度聚类。

程序代码如下:

```
import math
import numpy as np
import pylab as pl
fp='D:/data_mining_sy/data_set.txt'
f=open(fp,'r',encoding='utf-8')
data=f.read()
#dataset 是一个包含 30 个样本(密度、含糖量)的列表
```

```python
a=data.split(',')
dataset=[(float(a[i]), float(a[i+1])) for i in range(1, len(a)-1, 3)]
def dist(a,b):                                    #计算欧几里得距离,a 和 b 为两个元组
    return math.sqrt(math.pow(a[0]-b[0],2)+math.pow(a[1]-b[1], 2))
def DBSCAN(D,e,MinPts):                           #算法模型
    #初始化核心对象集合 T、聚类个数 k、聚类集合 C、未访问集合 P
    T=set();k=0;C=[];P=set(D)
    for d in D:
        if len([i for i in D if dist(d,i)<=e])>=MinPts:
            T.add(d)
    while len(T):                                 #开始聚类
        P_old=P
        o=list(T)[np.random.randint(0,len(T))]
        P=P-set(o)
        Q=[];Q.append(o)
        while len(Q):
            q=Q[0]
            Nq=[i for i in D if dist(q,i)<=e]
            if len(Nq)>=MinPts:
                S=P&set(Nq)
                Q+=(list(S))
                P=P-S
            Q.remove(q)
        k+=1
        Ck=list(P_old-P)
        T=T-set(Ck)
        C.append(Ck)
    return C
def draw(C):                                      #画图
    colValue=['r','y','g','b','c','k','m']
    for i in range(len(C)):
        coo_X=[]                                  #x 坐标列表
        coo_Y=[]                                  #y 坐标列表
        for j in range(len(C[i])):
            coo_X.append(C[i][j][0])
            coo_Y.append(C[i][j][1])
        pl.scatter(coo_X,coo_Y,marker='o',color=colValue[i%len(colValue)],label=i)
    pl.legend(loc='lower left')
    pl.show()
C=DBSCAN(dataset,0.11,5)
draw(C)
```

【分析讨论】

(1) 结合注释了解程序各部分的功能,理解密度聚类算法的思想。

(2) 运行程序,分析程序的运行结果。更换 ε 和 MinPts 的值,解释聚类结果。

(3) 在实验 12.1 中将数据集文件换成"D:/data_mining_sy"文件夹下的数据文件 test_set.txt,取 ε=1.1,最小阈值 MinPts=5,使用 Python 实现密度聚类,并分析聚类结果。

2. DBSCAN()函数聚类

实验 12.2 对于"D:/data_mining_sy"文件夹下的数据集文件 data_1.txt,取 eps=4, min_samples=2,使用 DBSCAN()函数进行聚类。

程序代码如下:

```
import matplotlib.pyplot as plt
from sklearn.cluster import DBSCAN
import numpy as np
fp='D:/data_mining_sy/data_1.txt'
f=open(fp,'r',encoding='utf-8')
data=f.read()
a=data.split(',')
data1=[[float(a[i]),float(a[i+1])] for i in range(1,len(a)-1,3)]
data1=np.array(data1)
y_pred_DBSCAN=DBSCAN(eps=4,min_samples=2).fit_predict(data1)
plt.scatter(data1[:,0],data1[:,1],c=y_pred_DBSCAN)
plt.show()
```

【分析讨论】

(1) 解释 DBSCAN()函数进行聚类的原理及其常用参数的意义。

(2) 运行程序,分析运行结果并给出问题的结论。

(3) 在实验 12.2 中将数据集文件换成"D:/data_mining_sy"文件夹下的 test_set.txt,取 eps=1,min_samples=5,运行程序并分析运行结果,如果改变 eps 和 min_samples 的值,解释运行结果。

3. OPTICS 聚类算法的 Python 实现

实验 12.3 分别在生成的聚类分布数据和月亮分布数据上运用 OPTICS 聚类算法。

程序代码如下:

```
import numpy as np
import matplotlib.pyplot as plt
import copy
from sklearn.datasets import make_moons
from sklearn.datasets import make_blobs
import random
import time
class OPTICS():
    def __init__(self,epsilon,MinPts):
        self.epsilon=epsilon
        self.MinPts=MinPts
    def dist(self,x1,x2):
        return np.linalg.norm(x1-x2)
    def getCoreObjectSet(self,X):
        N=X.shape[0]
        Dist=np.eye(N) * 9999999
        CoreObjectIndex=[]
        for i in range(N):
            for j in range(N):
```

```python
                if i>j:
                    Dist[i][j]=self.dist(X[i],X[j])
        for i in range(N):
            for j in range(N):
                if i<j:
                    Dist[i][j]=Dist[j][i]
        for i in range(N):
            #获取对象周围小于epsilon的点的个数
            dist=Dist[i]
            num=dist[dist<self.epsilon].shape[0]
            if num>=self.MinPts:
                CoreObjectIndex.append(i)
        return np.array(CoreObjectIndex),Dist
    def get_neighbers(self,p,Dist):
        N=[]
        dist=Dist[p].reshape(-1)
        for i in range(dist.shape[0]):
            if dist[i]<self.epsilon:
                N.append(i)
        return N
    def get_core_dist(self,p,Dist):
        dist=Dist[p].reshape(-1)
        sort_dist=np.sort(dist)
        return sort_dist[self.MinPts-1]
    def resort(self):
        #根据self.ReachDist对self.Seeds重新进行升序排列
        reachdist=copy.deepcopy(self.ReachDist)
        reachdist=np.array(reachdist)
        reachdist=reachdist[self.Seeds]
        new_index=np.argsort(reachdist)
        Seeds=copy.deepcopy(self.Seeds)
        Seeds=np.array(Seeds)
        Seeds=Seeds[new_index]
        self.Seeds=Seeds.tolist()
    def update(self,N,p,Dist,D):
        for i in N:
            if i in D:
                new_reach_dist=max(self.get_core_dist(p,Dist),Dist[i][p])
                if i not in self.Seeds:
                    self.Seeds.append(i)
                    self.ReachDist[i]=new_reach_dist
                else:
                    if new_reach_dist<self.ReachDist[i]:
                        self.ReachDist[i]=new_reach_dist
                self.resort()
    def fit(self,X):
        length=X.shape[0]
        CoreObjectIndex,Dist=self.getCoreObjectSet(X)
        self.Seeds=[]
```

```
                self.Ordered=[]
                D=np.arange(length).tolist()
                self.ReachDist=[-0.1]*length
                while (len(D)!=0):
                    p=random.randint(0,len(D)-1)          #随机选取一个对象
                    p=D[p]
                    self.Ordered.append(p)
                    D.remove(p)
                    if p in CoreObjectIndex:
                        N=self.get_neighbors(p,Dist)
                        self.update(N,p,Dist,D)
                        while(len(self.Seeds)!=0):
                            q=self.Seeds.pop(0)
                            self.Ordered.append(q)
                            D.remove(q)
                            if q in CoreObjectIndex:
                                N=self.get_neighbors(q,Dist)
                                self.update(N,q,Dist,D)
                return self.Ordered,self.ReachDist
        def plt_show(self,X,Y,ReachDist,Ordered,name=0):
            if X.shape[1]==2:
                fig=plt.figure(name)
                plt.subplot(211)
                plt.scatter(X[:,0],X[:,1],marker='o',c=Y)
                plt.subplot(212)
                ReachDist=np.array(ReachDist)
                plt.plot(range(len(Ordered)),ReachDist[Ordered])
            else:
                print('error arg')
if __name__=='__main__':
    center=[[1,1],[-1,-1],[1,-1]]
    cluster_std=0.35
    X1,Y1=make_blobs(n_samples=300,centers=center,n_features=2,cluster_std
=cluster_std,random_state=1)
    optics1=OPTICS(epsilon=2,MinPts=5)
    Ordered,ReachDist=optics1.fit(X1)
    optics1.plt_show(X1,Y1,ReachDist,Ordered,name=1)
    center=[[1,1],[-1,-1],[2,-2]]
    cluster_std=[0.35,0.1,0.8]
    X2,Y2=make_blobs(n_samples=300,centers=center,n_features=2,cluster_std
=cluster_std,random_state=1)
    optics2=OPTICS(epsilon=2,MinPts=5)
    Ordered,ReachDist=optics2.fit(X2)
    optics2.plt_show(X2,Y2,ReachDist,Ordered,name=2)
    X3,Y3=make_moons(n_samples=500,noise=0.1)
    optics3=OPTICS(epsilon=2,MinPts=5)
```

```
Ordered,ReachDist=optics3.fit(X2)
optics3.plt_show(X3,Y3,ReachDist,Ordered,name=3)
plt.show()
```

【分析讨论】

（1）阅读程序，了解各模块的功能。

（2）运行程序，分析程序的运行结果。

（3）分析第一张图和第二张图及趋势变化曲线，可以看出什么结果？

（4）从第三张图上可以发现什么问题，对于月牙形状的样本分布，OPTICS算法的表现如何？

4. OPTICS()函数聚类

实验 12.4 使用 OPTICS() 函数进行聚类。

程序代码如下：

```
from numpy import unique
from numpy import where
from sklearn.datasets import make_classification
from sklearn.cluster import OPTICS
from matplotlib import pyplot
#定义数据集
x,_=make_classification(n_samples=1000,n_features=2,n_informative=2,n_redundant=0,n_clusters_per_class=1,random_state=4)
#定义模型
model=OPTICS(eps=0.8,min_samples=9)
#为每个示例分配一个集群
yhat=model.fit_predict(x)
#检索唯一集群
clusters=unique(yhat)
#为每个集群的样本创建散点图
for cluster in clusters:
    row_ix=where(yhat==cluster)
    pyplot.scatter(x[row_ix,0],x[row_ix,1])
#绘制散点图
pyplot.show()
```

【分析讨论】

（1）运行程序，分析程序的运行结果。

（2）将实验 12.4 中的 eps 改为 2.0、min_samples 改为 20，查看结果聚成几类？

（3）如下定义数据集，然后使用 OPTICS() 函数进行聚类。

```
n_points_per_cluster=250
C1=[-5, -2]+.8*np.random.randn(n_points_per_cluster, 2)     #randn()生成矩阵
C2=[4, -1]+.1*np.random.randn(n_points_per_cluster, 2)
C3=[1, -2]+.2*np.random.randn(n_points_per_cluster, 2)
C4=[-2, 3]+.3*np.random.randn(n_points_per_cluster, 2)
C5=[3, -2]+1.6*np.random.randn(n_points_per_cluster, 2)
C6=[5, 6]+2*np.random.randn(n_points_per_cluster, 2)
x=np.vstack((C1, C2, C3, C4, C5, C6))                        #按列合成向量
```

四、注意事项

(1) DBSCAN 算法的一个缺点是无法对密度不同的样本集进行很好的聚类。

(2) 与 DBSCAN 相比，OPTICS 对参数的设置很不敏感，因为它在计算一个可达距离列表并排序后，找到变化最快的地方才进行聚类。

(3) OPTICS 是为聚类分析生成一个增广的簇排序（例如，以可达距离为纵轴，以样本点输出次序为横轴的坐标图），从这个排序中可以得到基于任何参数 ε 和 MinPts 的 DBSCAN 算法的聚类结果。

五、思考题

(1) 在 DBSCAN 算法中有两个初始参数 ε（邻域半径）和 MinPts(ε 邻域最小点数)需要用户手动输入，并且聚类的类簇结果对这两个参数的取值非常敏感，为什么它们取不同的值将产生不同的聚类结果？

(2) 为什么说 OPTICS 算法与 DBSCAN 算法的不同是初始时对参数的设置敏感度较低？

实验十三

聚类质量评估实验

一、实验目的

本实验要求学生理解聚类簇数的确定对评估聚类质量的意义,熟练掌握使用肘部方法和基于轮廓系数法确定聚类簇数的方法;掌握 Scikit-learn 中的求轮廓系数函数 silhouette_score()和 silhouette_samples()的使用。

二、实验内容

(1) 使用肘部方法确定聚类簇数实验。
(2) 基于轮廓系数法确定聚类簇数实验。
(3) Scikit-learn 中的求轮廓系数函数实验。

三、实验指导

1. 使用肘部方法确定聚类簇数

实验 13.1 对于鸢尾花数据集,使用肘部方法求解其前两个特征聚类的最佳数量。
程序代码如下:

```
import pandas as pd
import numpy as np
from sklearn.cluster import KMeans
import matplotlib.pyplot as plt
from sklearn.datasets import load_iris
iris=load_iris()
X=iris.data[:,:2]
featureList=['0', '1']                          #创建一个特征列表
mdl=pd.DataFrame.from_records(X, columns=featureList)
                                #把 X 中的数据放入,列的名称为 featureList
#使用 SSE 选择 k
```

```
SSE=[]                                          #存放每次结果的误差平方和
for k in range(1, 8):                           #尝试要聚成的类数
    estimator=KMeans(n_clusters=k)              #构造聚类器
    estimator.fit(np.array(mdl[['0', '1']]))
    SSE.append(estimator.inertia_)
X=range(1, 8)                                   #需要和 k 值一样
plt.xlabel('k')
plt.ylabel('SSE')
plt.plot(X, SSE, 'o-')
plt.show()
```

【分析讨论】

(1) 运行程序,分析程序的运行结果。

(2) 在实验 13.1 中,如果将数据集改为:

```
cluster1=np.random.uniform(0.5, 1.5, (2, 10))
cluster2=np.random.uniform(3.5, 4.5, (2, 10))
X=np.hstack((cluster1, cluster2)).T
```

运行程序,分析程序的运行结果。

2. 基于轮廓系数法确定聚类簇数

实验 13.2 基于轮廓系数法确定聚类簇数的 Python 实现。

程序代码如下:

```
from sklearn.cluster import KMeans
from sklearn.metrics import silhouette_score
import numpy as np
import pandas as pd
N=100
dim=2
x1=np.random.normal(1,.2,(N,dim))
x2=np.random.normal(2.4,.5,(N,dim))
x3=np.random.normal(3.2,.4,(N,dim))
data=np.vstack((x1,x2,x3))
data_Array=list(data)
def Silhouette_ALL(n):                          #定义轮廓系数函数
    data_Cluster=KMeans(n_clusters=n)
    data_Cluster.fit(data_Array)
    label=data_Cluster.labels_
    Silhouette_Coefficient=silhouette_score(data_Array,label)
    return Silhouette_Coefficient
y=[]
for n in range(2,10):                           #遍历不同 k 值时的轮廓系数
    data_data_Silhouette_mean=Silhouette_ALL(n)
    y.append(data_data_Silhouette_mean)
print(y)
#选择 y 中轮廓系数最大的项,将其对应的分组数作为 k-means 的 k 值进行计算,得到最佳的
#分类结果
data_Cluster=KMeans(n_clusters=4)   #n_clusters=y 中轮廓系数的最大值对应的分组数
```

```
data_Cluster.fit(data_Array)
label=data_Cluster.labels_                    #获得聚类标签
center=data_Cluster.cluster_centers_          #聚类中心
print('label=',label)
print('center=',center)
```

【分析讨论】

(1) 阅读程序,了解各模块的功能。

(2) 运行程序,分析运行结果并给出结论。

(3) 了解轮廓系数对聚类质量评估的影响。

3. Scikit-learn 中的求轮廓系数函数

在 Scikit-learn 中,silhouette_score()函数用于计算所有样本的平均值(平均轮廓系数),silhouette_samples()函数用于返回所有样本的轮廓系数。一般来讲,求轮廓系数需要聚类数大于2,小于样本数-1。

(1) silhouette_score()函数返回所有样本的平均轮廓系数。其常用格式如下:

```
silhouette_score(X, labels, metric='euclidean', sample_size=None, random_state=None)
```

- X:二维样本,通常为[n_samples, n_features],当将 metric 设置为"precomputed"时应为[n_samples, n_samples]矩阵。
- labels:一维矩阵,每个样本所属簇的标签。
- metric:计算要素阵列中实例之间的距离时使用的度量,默认是 euclidean(欧几里得距离)。如果 metric 为字符串,则必须是允许的选项之一。如果 X 是距离数组本身,则使用 metric='precomputed'。
- sample_size:随机取样一部分计算平均轮廓系数,int 类型。
- random_state:当 sample_size 为非空时用来生成随机采样。

实验 13.3 使用 silhouette_score()函数求平均轮廓系数。

程序代码如下:

```
import numpy as np
import matplotlib.pyplot as plt
from sklearn.cluster import KMeans
from sklearn.metrics import silhouette_score
plt.subplot(3,2,1)                            #分割出6个子图,并在1号子图中作图
#初始化原始数据点阵
x1=np.array([1,2,3,1,5,6,5,5,6,7,8,9,7,9])
x2=np.array([1,3,2,2,8,6,7,6,7,1,2,1,1,3])
X=np.array(list(zip(x1,x2))).reshape(len(x1),2)
#在1号子图中做出原始数据点阵的分布
plt.xlim([0,10])
plt.ylim([0,10])
plt.title('Instance')
plt.scatter(x1,x2)
colors=['b','g','r','c','m','y','k','b']      #点的颜色
```

```
markers=['o','s','D','v','^','p','*','+']       #点的标号
clusters=[2,3,4,5,8]                             #簇的个数
subplot_counter=1
sc_scores=[]
for t in clusters:
    subplot_counter+=1
    plt.subplot(3,2,subplot_counter)
    kmeans_model=KMeans(n_clusters=t).fit(X)    #训练模型
    for i,l in enumerate(kmeans_model.labels_):
        plt.plot(x1[i],x2[i],color=colors[l],marker=markers[l],ls='None')
    plt.xlim([0,10])
    plt.ylim([0,10])
    sc_score=silhouette_score(X,kmeans_model.labels_,metric='euclidean')
    sc_scores.append(sc_score)
    plt.title('K=%s,silhouette coefficient=%0.03f'%(t,sc_score))
plt.figure()
plt.plot(clusters,sc_scores,'*-')
plt.xlabel('Number of Clusters')
plt.ylabel('Silhouette Coefficient Score')
plt.show()
```

【分析讨论】

① 阅读程序，了解各模块的功能。

② 运行程序，分析运行结果并给出结论。

③ 数据集 X=[[0,1,2,6],[1,0,2,6],[2,1,0,6],[6,6,6,0]]，类别集 y=[0,0,0,1]，使用 silhouette_score() 函数求平均轮廓系数。

（2）silhouette_samples() 函数返回所有样本的轮廓系数。其常用格式如下：

```
silhouette_samples(X, labels, metric='euclidean')
```

- X：数组 [n_samples_a, n_samples_a]（metric 为 "precomputed"），否则为 [n_samples_a, n_features]，是样本之间的成对距离数组或特征数组。
- labels：数组，每个样本的预测标签值。
- metric：计算要素阵列中实例之间的距离时使用的度量，默认是 euclidean（欧几里得距离）。如果 metric 为字符串，则必须是允许的选项之一。如果 X 是距离数组本身，则使用 metric='precomputed'。

实验 13.4 使用 make_blobs() 函数生成数据集，使用 silhouette_samples() 函数进行轮廓分析，并使用图形工具来度量簇中样本聚集的密集程度。

程序代码如下：

```
import pandas as pd
import numpy as np
import matplotlib.pyplot as plt
from sklearn.datasets import make_blobs
from sklearn.cluster import KMeans
from matplotlib import cm
```

```python
from sklearn.metrics import silhouette_samples
X,y=make_blobs(n_samples=150,n_features=2,centers=3,cluster_std=0.5,
shuffle=True,random_state=0)
plt.scatter(X[:,0],X[:,1],c='red',marker='o',s=50)
plt.grid()
plt.show()
#设置对簇内误差平方和的容忍度
km=KMeans(n_clusters=3,init='random',n_init=10,max_iter=300,tol=1e-04,
random_state=0)
y_km=km.fit_predict(X)
#可视化
plt.scatter(X[y_km==0,0],X[y_km==0,1],s=50,c='lightgreen',marker='s',label
='cluster 1')
plt.scatter(X[y_km==1,0],X[y_km==1,1],s=50,c='orange',marker='o',label=
'cluster 2')
plt.scatter(X[y_km==2,0],X[y_km==2,1],s=50,c='lightblue',marker='v',label
='cluster 3')
plt.scatter(km.cluster_centers_[:,0],km.cluster_centers_[:,1],s=250,c='red',
marker='*',label='centroids 3')
plt.legend()
plt.grid()
plt.show()
print('Distortion:%.2f'%km.inertia_)            #计算簇内误差平方和
distortions=[]
for i in range(1,11):
    km=KMeans(n_clusters=i,init='k-means++',n_init=10,max_iter=300,random_
state=0)
    km.fit(X)
    distortions.append(km.inertia_)
plt.plot(range(1,11),distortions,marker='o')
plt.xlabel('Number of clusters')
plt.ylabel('Distortion')
plt.show()
#使用图形工具来度量簇中样本聚集的密集程度,计算单个样本的轮廓系数
km=KMeans(n_clusters=3,init='k-means++',n_init=10,max_iter=300,tol=1e-04,
random_state=0)
y_km=km.fit_predict(X)
cluster_labels=np.unique(y_km)
n_clusters=cluster_labels.shape[0]
silhouette_vals=silhouette_samples(X,y_km,metric='euclidean')
y_ax_lower,y_ax_upper=0,0
yticks=[]
for i,c in enumerate(cluster_labels):
    c_silhouette_vals=silhouette_vals[y_km==c]
    c_silhouette_vals.sort()
    y_ax_upper+=len(c_silhouette_vals)
    color=cm.jet(i/n_clusters)
    plt.barh(range(y_ax_lower,y_ax_upper),c_silhouette_vals,height=1.0,
edgecolor='none',color=color)
```

```
        yticks.append((y_ax_lower+y_ax_upper)/2)
        y_ax_lower+=len(c_silhouette_vals)
silhouette_avg=np.mean(silhouette_vals)
plt.axvline(silhouette_avg,color='red',linestyle='--')
plt.yticks(yticks,cluster_labels+1)
plt.ylabel('Cluster')
plt.xlabel('Silhouette coefficient')
plt.show()
```

【分析讨论】

① 阅读程序,了解各模块的功能。

② 运行程序,分析程序的运行结果。

四、注意事项

(1) 在讨论问题时,一般先使用肘部方法估计聚类数量 k,再根据估计出的 k 运用 K-means 聚类。

(2) 当轮廓系数为 −1 时表示聚类结果不好,为 +1 时表示簇内实例之间紧凑,为 0 时表示有簇重叠。

(3) 轮廓系数越大,表示簇内实例之间越紧凑,簇间距离越大,这是聚类的标准概念。

五、思考题

(1) 肘部方法的核心思想是什么?

(2) 聚类评估主要包括哪些任务?

实验十四 关联规则实验

一、实验目的

本实验要求学生理解 Apriori 算法和 FP-Growth 算法的原理；了解 apriori() 函数的相关参数；掌握使用 Apriori 算法、apriori() 函数和 FP-Growth 算法求解频繁项集以及关联规则的方法。

二、实验内容

（1）Apriori 算法实验。

（2）apriori() 函数求频繁项集实验。

（3）FP-Growth 算法实验。

（4）fpgrowth() 函数求频繁项集和关联规则实验。

（5）Eclat 算法实验。

三、实验指导

1. Apriori 算法

实验 14.1 数据集 data_set 如表 1.14.1 所示，求频繁项集和关联规则。

表 1.14.1 数据集 data_set

交易代号	商品列表	交易代号	商品列表
0	鸡蛋、牛奶、饼干	5	牛奶、啤酒
1	牛奶、面包	6	鸡蛋、啤酒
2	牛奶、啤酒	7	鸡蛋、牛奶、啤酒、饼干
3	鸡蛋、牛奶、面包	8	鸡蛋、牛奶、啤酒
4	鸡蛋、啤酒	9	牛奶、苹果、饼干

程序代码如下:

```
def create_C1(data_set):
    C1=set()
    for t in data_set:
        for item in t:
            item_set=frozenset([item])
            C1.add(item_set)
    return C1
def is_apriori(Ck_item,Lksub1):
    for item in Ck_item:
        sub_Ck=Ck_item-frozenset([item])
        if sub_Ck not in Lksub1:
            return False
    return True
def create_Ck(Lksub1,k):
    Ck=set()
    len_Lksub1=len(Lksub1)
    list_Lksub1=list(Lksub1)
    for i in range(len_Lksub1):
        for j in range(1,len_Lksub1):
            l1=list(list_Lksub1[i])
            l2=list(list_Lksub1[j])
            l1.sort()
            l2.sort()
            if l1[0:k-2]==l2[0:k-2]:
                Ck_item=list_Lksub1[i] | list_Lksub1[j]
                if is_apriori(Ck_item,Lksub1):
                    Ck.add(Ck_item)
    return Ck
def generate_Lk_by_Ck(data_set,Ck,min_support,support_data):
    Lk=set()
    item_count={}
    for t in data_set:
        for item in Ck:
            if item.issubset(t):
                if item not in item_count:
                    item_count[item]=1
                else:
                    item_count[item]+=1
    t_num=float(len(data_set))
    for item in item_count:
        if (item_count[item]/t_num)>=min_support:
            Lk.add(item)
            support_data[item]=item_count[item]/t_num
    return Lk
def generate_L(data_set,k,min_support):
    support_data={}
    C1=create_C1(data_set)
```

```python
            L1=generate_Lk_by_Ck(data_set,C1,min_support, support_data)
            Lksub1=L1.copy()
            L=[]
            L.append(Lksub1)
            for i in range(2,k+1):
                Ci=create_Ck(Lksub1,i)
                Li=generate_Lk_by_Ck(data_set,Ci,min_support, support_data)
                Lksub1=Li.copy()
                L.append(Lksub1)
            return L,support_data
        def generate_big_rules(L,support_data,min_conf):
            big_rule_list=[]
            sub_set_list=[]
            for i in range(0,len(L)):
                for freq_set in L[i]:
                    for sub_set in sub_set_list:
                        if sub_set.issubset(freq_set):
                            conf=support_data[freq_set]/support_data[freq_set-sub_set]
                            big_rule=(freq_set-sub_set,sub_set,conf)
                            if conf>=min_conf and big_rule not in big_rule_list:
                                big_rule_list.append(big_rule)
                    sub_set_list.append(freq_set)
            return big_rule_list
        data_set=[['鸡蛋','牛奶','饼干'],['牛奶','面包'],['牛奶','啤酒'],['鸡蛋','牛奶',
        '面包'],['鸡蛋','啤酒'],['牛奶','啤酒'],['鸡蛋','啤酒'],['鸡蛋','牛奶','啤酒',
        '饼干'],['鸡蛋','牛奶','啤酒'],['牛奶','苹果','饼干']]
        L,support_data=generate_L(data_set,k=3,min_support=0.2)
        big_rules_list=generate_big_rules(L,support_data,min_conf=0.7)
        for Lk in L:
            print("=" * 50)
            print("频繁"+str(len(list(Lk)[0]))+"-项集\t\t 支持度")
            print("=" * 50)
            for freq_set in Lk:
                print(freq_set,support_data[freq_set])
        print
        print("关联规则:")
        for item in big_rules_list:
            print(item[0],"=>",item[1],"conf:",item[2])
```

【分析讨论】

(1) 阅读程序,解释各模块的功能。

(2) 运行程序,分析程序的运行结果。

(3) 如果将数据集改为 data_set=[['I1','I2','I5'],['I2','I4'],['I2','I3'],['I1','I2','I4'],
['I1','I3'],['I2','I3'],['I1','I3'],['I1','I2','I3','I5'],['I1','I2','I3']],运行程序,求频繁项集和关联规则。

2. apriori()函数

实验 14.2 数据集 records 如表 1.14.2 所示,使用 apriori()函数求频繁项集。

表 1.14.2　数据集 records

交易代号	商　品　列　表
1	鸡蛋、牛奶、苹果、香蕉、白菜、菠菜、韭菜、梨子
2	牛奶、啤酒、苹果、鸡蛋、栗子、韭菜
3	啤酒、鸡蛋、核桃、桃子、牛奶
4	啤酒、苹果、牛奶、梨子
5	牛奶、鸡蛋、苹果、菠萝、栗子、梨子、韭菜、香蕉

程序代码如下：

```
import pandas as pd
from mlxtend.preprocessing import TransactionEncoder
from mlxtend.frequent_patterns import apriori
records=[['鸡蛋','牛奶','苹果','香蕉','白菜','菠菜','韭菜','梨子'],['牛奶',
'啤酒','苹果','鸡蛋','栗子','韭菜'],['啤酒','鸡蛋','核桃','桃子','牛奶'],
['啤酒','苹果','牛奶','梨子'],['牛奶','鸡蛋','苹果','菠萝','栗子','梨子',
'韭菜','香蕉']]                                    #设置数据集
te=TransactionEncoder()
te_ary=te.fit(records).transform(records)          #进行 one-hot 编码
df=pd.DataFrame(te_ary, columns=te.columns_)
freq=apriori(df, min_support=0.1, use_colnames=True)  #使用 apriori()函数找
                                                   #出频繁项集
print(freq)
```

【分析讨论】

(1) 运行程序，分析运行结果并给出结论。

(2) 将 min_support 的值改成 0.5，运行程序，分析程序的运行结果。

(3) apriori()函数中 use_colnames 的值默认为 False，此时返回的物品组合用编号显示，当其值为 True 时直接显示物品名称，用实验进行验证。

(4) 将数据集换成实验 14.1 中的数据集，运行程序，分析程序的运行结果。

3. FP-Growth 算法

实验 14.3　给定数据集 item_sets，编程实现 FP-Growth 算法。

程序代码如下：

```
import itertools
import time
class FPNode(object):                              #FP 树节点
    def __init__(self,value,count: int,parent):
        self.value=value
        self.count=count
        self.parent=parent
        self.next=None
        self.children=[]
    def has_child(self,value):
```

```python
        for child in self.children:
            if value==child.value:
                return True
        return False
    def get_child(self,value):
        for child in self.children:
            if value==child.value:
                return child
        return None
    def add_child(self,value):
        new_child:FPNode=FPNode(value,1,self)
        self.children.append(new_child)
        return new_child
    def __repr__(self):
        return '<FPNode({}): {}>'.format(self.value,self.count)
class FPTree(object):
    def __init__(self,transactions,min_sup,root_value,root_count):
        self.frequent=self.find_frequent_items(transactions, min_sup)
        self.headers=self.build_header_table(self.frequent)
        self.root = self.build_fp_tree(transactions, self.frequent, self.headers,root_value,root_count)
    def show_header(self):              #显示项头表
        for header in self.headers:
            node=self.headers[header]['header']
            while node is not None:
                print(node,node.parent,end=' ->')
                node=node.next
            print('None')
    def not_empty(self):                #判断 FP 树是否为空,如果项头表为空,FP 树必定为空
        return bool(self.headers)
    def build_fp_tree(self, transactions, frequent, headers, root_value, root_count):
        """
        建立 FP 树,填充项头表。:param transactions: 数据集、:param frequent: 频繁一项集、:param headers: 项头表、:param root_value: 根节点的值、:param root_count: 根节点的支持度、:return: FP 树的根
        """
        root=FPNode(root_value,root_count,None)
        #获取按支持度计数从大到小排序后的项的列表
        order_list=sorted(frequent.keys(),key=lambda k: frequent[k], reverse=True)
        for transaction in transactions:
            sorted_items=[item for item in transaction if item in frequent]
            sorted_items.sort(key=lambda item: order_list.index(item))
            if sorted_items:
                self.insert_tree(sorted_items,root,headers)
        return root
    @staticmethod
    def build_header_table(frequent):
```

```python
    """
    建立项头表。项头表的结构：
    headers={
        item:{
            'header':FPNode(),
            'counter':支持度计数
        }
    }
    :param frequent: 频繁一项集
    :return:
    """
    headers={}
    for header in frequent.keys():
        headers[header]={}
        headers[header]['header']=None
        headers[header]['counter']=0
    return headers
@staticmethod
def find_frequent_items(transactions,min_sup):
    """
    找出所有频繁一项集。
    :param transactions: 数据集、:param min_sup: 最小支持度
    """
    items={}
    for transaction in transactions:
        for item in transaction:
            if item not in items:
                items[item]=1
            else:
                items[item]+=1
    items={item[0]: item[1] for item in items.items() if item[1]>=min_sup}
    return items
def insert_tree(self,items,node:FPNode,headers):
    """
    向 FP 树中插入一个数据项。:param items: 一个数据项、:param node: 当前根节点、:param headers: 项头表
    """
    first=items[0]
    child:FPNode=node.get_child(first)
    if child:
        child.count+=1
        headers[first]['counter']+=1
    else:
        child=node.add_child(first)
        header: FPNode=headers[first]['header']
        if header:
            while header.next:
                header=header.next
            header.next=child
```

```python
            else:
                headers[first]['header']=child
                headers[first]['counter']+=child.count
        remaining_items=items[1:]
        if remaining_items:
            self.insert_tree(remaining_items,child,headers)
    def mine_patterns(self,min_sup):
        #得到所有频繁项集
        patterns=[]                              #用于记录所有出现过的项集以及支持度计数
        self.mine_sub_trees(min_sup,set(),patterns)
        all_frequent_item_set={}
        for item,support in patterns:
            if item not in all_frequent_item_set:
                all_frequent_item_set[item]=support
            else:
                all_frequent_item_set[item]+=support
        #对不符合最小支持度计数的项集进行筛选
        all_frequent_item_set={item[0]: item[1] for item in sorted(all_frequent_item_set.items(),key=lambda item: len(item[0]))
                               if item[1]>=min_sup}
        return all_frequent_item_set
    def mine_sub_trees(self,min_sup,frequent:set,patterns):
        """
        挖掘所有频繁项集。
        :param min_sup: 最小支持度、:param frequent: 前置路径、:param patterns: 频繁项集
        """
        #最开始的频繁项集是headerTable中的各元素
        for header in sorted(self.headers,key=lambda x: self.headers[x]['counter'],reverse=True):
            new_frequent=frequent.copy()
            new_frequent.add(header)
            patterns.append((tuple(sorted(new_frequent)), self.headers[header]['counter']))
            condition_mode_bases=self.get_condition_mode_bases(header)
            condition_fp_tree=FPTree(condition_mode_bases,min_sup,header,self.headers[header]['counter'])
            #继续挖掘
            if condition_fp_tree.not_empty():
                condition_fp_tree.mine_sub_trees(min_sup,new_frequent,patterns)
    def get_condition_mode_bases(self,item):
        #获取条件模式基。:param item: 项头表节点
        suffixes=[]
        conditional_tree_input=[]
        node=self.headers[item]['header']
        while node is not None:
            suffixes.append(node)
            node=node.next
```

```python
            for suffix in suffixes:
                frequency=suffix.count
                path=[]
                parent=suffix.parent
                while parent.parent is not None:
                    path.append(parent.value)
                    parent=parent.parent
                if path:
                    path.reverse()
                    for i in range(frequency):
                        conditional_tree_input.append(path)
        return conditional_tree_input
    def tree_has_single_path(self,root:FPNode):
        #判断树是否为单一路径。:param root: 根节点
        if len(root.children)>1:
            return False
        elif len(root.children)==0:
            return True
        else:
            self.tree_has_single_path(root.children[0])
def find_frequent_patterns(transactions,min_sup):
    #寻找频繁项集
    tree=FPTree(transactions,min_sup,None,None)
    return tree.mine_patterns(min_sup)
def get_subset(frequent_set):
    #获取一个频繁项集的所有非空真子集。注意,这是一个生成器。:param frequent_set:
    #频繁项集
    length=len(frequent_set)
    for i in range(2**length):
        sub_set=[]
        for j in range(length):
            if (i>>j)%2:
                sub_set.append(frequent_set[j])
        if sub_set and len(sub_set)<length:
            yield tuple(sub_set)
def generate_association_rules(patterns,min_conf):
    """
    每条规则的样式: X->Y,support=支持度计数,conf=s(X∪Y)/s(X)=可信度(百分比形式)
    :param patterns: 所有的频繁项集、:param min_conf: 最小可信度(0~1)
    """
    rules=[]
    frequent_item_list=[]
    #对所有频繁项集进行归类
    for pattern in patterns:
        try:
            frequent_item_list[len(pattern)-1][pattern]=patterns[pattern]
        except IndexError:
            for i in range(len(pattern)-len(frequent_item_list)):
                frequent_item_list.append({})
```

```
                    frequent_item_list[len(pattern)-1][pattern]=patterns[pattern]
    #生成关联规则
    for i in range(1,len(frequent_item_list)):
        for frequent_set in frequent_item_list[i]:
            for sub_set in get_subset(frequent_set):
                frequent_set_support=frequent_item_list[i][frequent_set]
                sub_set_support=frequent_item_list[len(sub_set)-1][sub_set]
                conf=frequent_set_support/sub_set_support
                if conf>=min_conf:
                    rest_set=tuple(sorted(set(frequent_set)-set(sub_set)))
                    rule="{}->{},support={},conf={}/{}={:.2f}%".format(sub_set,rest_set,frequent_set_support,frequent_set_support,sub_set_support,conf*100)
                    if rule not in rules:
                        rules.append(rule)
    return rules
if __name__=='__main__':
    item_sets=[['鸡蛋','牛奶','苹果','香蕉','白菜','菠菜','韭菜','梨子'],['牛奶','啤酒','苹果','鸡蛋','栗子','韭菜'],['啤酒','鸡蛋','核桃','桃子','牛奶'],['啤酒','苹果','牛奶','梨子'],['牛奶','鸡蛋','苹果','菠萝','栗子','梨子','韭菜','香蕉']]
    frequent_patterns=find_frequent_patterns(item_sets,3)
    for frequent_pattern in generate_association_rules(frequent_patterns,0):
        print(frequent_pattern)
```

【分析讨论】

（1）结合注释阅读程序，了解各模块的功能。

（2）运行程序，分析程序的运行结果。

（3）调整相关参数，分析程序的运行结果，了解不同参数对结果的影响。

4．fpgrowth()函数

实验14.4 给定数据集shopping_list，使用fpgrowth()函数求频繁项集和关联规则。

程序代码如下：

```
import pandas as pd
from mlxtend.preprocessing import TransactionEncoder
#传入模型的数据需要满足特定的格式,可以用这种方法转换为bool值,也可以用函数转换为
#0、1
from mlxtend.frequent_patterns import fpgrowth
from mlxtend.frequent_patterns import association_rules
shopping_list=[['鸡蛋','牛奶','苹果','香蕉','白菜','菠菜','韭菜','梨子'],['牛奶','啤酒','苹果','鸡蛋','栗子','韭菜'],['啤酒','鸡蛋','核桃','桃子','牛奶'],['啤酒','苹果','牛奶','梨子'],['牛奶','鸡蛋','苹果','菠萝','栗子','梨子','韭菜','香蕉']]
shopping_df=pd.DataFrame(shopping_list)
df_arr=shopping_df.stack().groupby(level=0).apply(list).tolist()
te=TransactionEncoder()                #定义模型
df_tf=te.fit_transform(df_arr)
```

```
df=pd.DataFrame(df_tf,columns=te.columns_)
#求频繁项集
frequent_itemsets=fpgrowth(df,min_support=0.1,use_colnames=True)
            #use_colnames=True 表示使用元素名称,默认的 False 表示使用列名代表元素
frequent_itemsets.sort_values(by='support',ascending=False,inplace=True)
                                         #频繁项集可以按支持度排序
print(frequent_itemsets[frequent_itemsets.itemsets.apply(lambda x: len(x))>=2])
                                         #选择长度大于或等于 2 的频繁项集
#求关联规则
association_rule=association_rules(frequent_itemsets,metric='confidence',
min_threshold=0.9)              #metric 可以有很多的度量选项,返回的表
                                #列名都可以作为参数
association_rule.sort_values(by='leverage',ascending=False,inplace=True)
                                         #关联规则可以按 leverage 排序
print(association_rule)
```

【分析讨论】

(1) 了解实验 14.4 中用到的 association_rules() 和 sort_values() 两个函数的参数。

① association_rules() 函数的参数。

- df：具有 support 和 itemsets 这两列的 DataFrame 对象。
- metric：作为条件的数据指标名称，支持 'support'（支持度）、'confidence'（置信度）和 'lift'（提升度）3 个指标，默认为 'confidence'。
- min_threshold：置信度指标的最小值，默认为 0.8。

② sort_values() 函数的参数。

- by：字符串或者 List＜字符串＞，单列排序或者多列排序。
- ascending：bool 或者 List，升序或者降序，如果是 List 对应 by 的多列。
- inplace：是否修改原始 DataFrame。当 inplace＝False 时，返回修改过的数据，原数据不变；当 inplace＝True 时，返回值为 None，直接在原数据上进行操作。

(2) 结合注释阅读程序，了解各模块的功能。

(3) 运行程序，分析程序的运行结果。

5. Eclat 算法

实验 14.5 给定数据集 transactions，使用 Eclat 算法求频繁项集，并将结果写入 D 盘 data_mining_sy 文件夹下的 eclat_out.tsv 文件中。

程序代码如下：

```
import numpy as np
from itertools import combinations
#Eclat 算法
def eclat(transactions,min_support=0.35):
    combos_to_counts={}
    for transaction in transactions:                    #交易记录
        goods=list(np.unique(transaction))              #获取商品列表
        length=len(goods)
        for k in range(2,length+1):
            k_combos=list(combinations(goods,k))
```

```python
            for combo in k_combos:
                if set(combo).issubset(transaction):
                    try:
                        combos_to_counts[combo]+=1
                    except KeyError:
                        combos_to_counts[combo]=1
        combo_support_vec=[]
        for combo in combos_to_counts.keys():
            support=float(combos_to_counts[combo])/len(transactions)    #计算支持度
            combo_support_vec.append((combo,support))
        combo_support_vec.sort(key=lambda x:float(x[1]), reverse=True)
                                                                    #按照支持度排序
        #第一列为商品的列表,第二列为支持度
        with open("D:/data_mining_sy/eclat_out.tsv","w") as fo:
            for combo,support in combo_support_vec:
                if support<min_support:
                    continue
                else:
                    print(combo,support)
                    fo.write(", ".join(combo)+"\t"+str(support)+"\n")
        fo.close()
transactions=[['牛奶','洋葱','肉豆蔻','芸豆','鸡蛋','酸奶'],['菠萝','洋葱','肉豆蔻','芸豆','鸡蛋','酸奶'],['牛奶','苹果','芸豆','鸡蛋'],['牛奶','桃子','芸豆','酸奶'],['桃子','洋葱','洋葱','芸豆','菠萝','鸡蛋']]
eclat(transactions,min_support=0.6)
```

【分析讨论】

(1) 结合 Eclat 算法的原理理解程序。

(2) 运行程序,分析程序的运行结果。

(3) 如果将数据集改为 transactions=[['牛奶','葱','豆角','土豆','鸡蛋','芹菜'],['苹果','葱','豆角','土豆','鸡蛋','芹菜'],['牛奶','苹果','土豆','鸡蛋'],['牛奶','白菜','土豆','芹菜'],['白菜','葱','芹菜','土豆','鸡蛋']],运行程序,求出频繁项集。

四、注意事项

(1) 关联分析用于发现隐藏在大型数据集中有意义的联系,属于模式挖掘分析方法。

(2) 在 Python 中函数定义的上一行有时会有@functionName 的修饰,当解释器读到@修饰符时会优先解析@后的内容,直接把@下一行的函数或者类当作@后边函数的参数,然后将返回值赋给下一个修饰的函数对象。例如:

```python
def funA(desA):
    print("It's funA")
def funB(desB):
    print("It's funB")
@funA
def funC():
    print("It's funC")
```

#Python会按照自上而下的顺序把各函数结果作为下一个函数的输入

运行后输出结果：

It's funA

结果分析：

@funA 修饰函数定义 def funC()，将 funC() 赋值给 funA() 的形参。在执行的时候由上而下，先定义 funA、funB，然后运行 funA(funC())。此时 desA＝funC()，然后 funA()输出"It's funA"。

又如：

```
def funA(desA):
    print("It's funA")
def funB(desB):
    print("It's funB")
@funB
@funA
def funC():
    print("It's funC")
```

运行后输出结果：

It's funA
It's funB

结果分析：

@funB 修饰装饰器@funA，@funA 修饰函数定义 def funC()，将 funC() 赋值给 funA() 的形参，再将 funA(funC()) 赋值给 funB()。在执行的时候由上而下，先定义 funA、funB，然后运行 funB(funA(funC()))。此时 desA＝funC()，然后 funA()输出"It's funA"；desB＝funA(funC())，然后 funB()输出"It's funB"。

（3）FP-Growth 算法适用于离散型数据。

五、思考题

（1）在求频繁项集的过程中，为什么说 Apriori 算法可以减少计算时间？

（2）为什么说 FP-Growth 算法比 Apriori 算法更高效？

回归预测模型实验

一、实验目的

本实验要求学生理解一元线性回归预测模型、多元线性回归预测模型的原理,了解非线性模型的线性变换思想;掌握 LinearRegression() 函数的常用参数,熟练掌握使用 LinearRegression() 函数进行一元和多元线性回归预测的方法。

二、实验内容

(1) 一元线性回归预测模型实验。
(2) LinearRegression() 函数实验。
(3) 多元线性回归预测模型实验。
(4) 非线性模型的线性变换实验。

三、实验指导

1. 一元线性回归预测模型

实验 15.1 推导一元线性回归模型 y=a+bx+ε 的 a、b 满足:

$$\begin{cases} a = \bar{y} - b\bar{x} \\ b = \dfrac{\sum\limits_{i=1}^{n} x_i y_i - \dfrac{1}{n} \sum\limits_{i=1}^{n} x_i \sum\limits_{i=1}^{n} y_i}{\sum\limits_{i=1}^{n} x_i^2 - \dfrac{1}{n} \left(\sum\limits_{i=1}^{n} x_i \right)^2} \end{cases}$$

利用 D:/data_mining_sy 文件夹下的数据集文件 salary_data.csv(字段为 YearsExperience、Salary)计算出回归模型的参数值 a、b。

程序代码如下:

```
import matplotlib.pyplot as plt
```

```
import seaborn as sns
import pandas as pd
income=pd.read_csv(r'D:/data_mining_sy/salary_data.csv')   #导入数据集
n=income.shape[0]                                          #样本量
#计算自变量的和、因变量的和、自变量平方的和、自变量与因变量的乘积、自变量与因变量乘积
#的和
sum_x=income.YearsExperience.sum()           # 自变量 x 的和
sum_y=income.Salary.sum()                    #因变量 y 的和
sum_x2=income.YearsExperience.pow(2).sum()   # 自变量平方的和
xy=income.YearsExperience * income.Salary    # 自变量与因变量的乘积
sum_xy=xy.sum()                              # 自变量与因变量乘积的和
#计算回归系数 a、b
b=(sum_xy-(sum_x * sum_y)/n)/(sum_x2-sum_x**2/n)
a=income.Salary.mean()-b * income.YearsExperience.mean()
print('一元拟合函数的斜率 b:',b)
print('一元拟合函数的截距 a:',a)
sns.lmplot(x='YearsExperience',y='Salary',data=income, ci=None)
plt.xlim((0, 20))                            #X 轴的刻度范围被设为 a 到 b
plt.ylim((0, 110000))                        #Y 轴的刻度范围被设为 a'到 b'
plt.show()
```

【分析讨论】

(1) seaborn 是一个可视化库,用于在 Python 中进行统计图形的绘制。seaborn.lmplot()函数的常用参数如下。

- x,y:(可选)数据中的列名。
- data:此参数是 DataFrame。
- ci:(可选)此参数是 int 类型,为[0,100]或无,表示回归估计的置信区间的大小。查询相关资料,了解使用该函数进行绘图的方法。

(2) 阅读程序,掌握回归模型的参数值 a、b 的计算。

(3) 运行程序,分析程序的运行结果。

2. LinearRegression()函数

实验 15.2 某市的房子面积与价格数据如表 1.15.1 所示。

表 1.15.1 某市的房子面积与价格数据

房子面积/平方米	80.0	98.0	108.0	114.0	120.0	130.0	140.0
价格/万元	320.0	398.4	415.6	460.2	489.0	514.5	660.0

使用 LinearRegression()函数构造回归对象,绘制效果图,并预测 148 平方米的房子的价格。

程序代码如下:

```
import matplotlib.pyplot as plt
from sklearn.linear_model import LinearRegression
#线性回归分析,其中 predict_square_meter 为要预测的平方米数,函数返回对应的房价
def linear_model_main(X_parameter,Y_parameter, predict_square_meter):
```

```
            regr=LinearRegression()                                    #构造回归对象
            regr.fit(X_parameter,Y_parameter)
            predict_outcome=regr.predict(predict_square_meter)         #获取预测值
            predictions={}                                             #返回字典
            predictions['截距值 intercept']=regr.intercept_             #截距值
            predictions['回归系数(斜率值)coefficient']=regr.coef_        #回归系数(斜率值)
            predictions['预测值 predict_value']=predict_outcome         #预测值
            return predictions
        def show_linear_line(X_parameter,Y_parameter):                 #绘制图像
            regr=LinearRegression()                                    #构造回归对象
            regr.fit(X_parameter,Y_parameter)
            plt.scatter(X_parameter,Y_parameter,color='blue')          #绘制已知数据的散点图
            plt.plot(X_parameter,regr.predict(X_parameter),color='red',linewidth=4)
                                                                       #绘制预测直线
            plt.title('Predict the house price')
            plt.xlabel('square meter')
            plt.ylabel('price')
            plt.show()
        X=[[80.0],[98.0],[108.0],[114.0],[120.0],[130.0],[140.0]]
        Y=[320.0,398.4,415.6,460.2,489.0,514.5,660.0]
        predict_square_meter=[148]
        result=linear_model_main(X,Y,[predict_square_meter])
                                        #获取预测值,在这里预测 148 平方米的房子的价格
        for key,value in result.items():
            print ('{0}:{1}'.format(key,value))
        show_linear_line(X,Y)                                          #绘图
```

【分析讨论】

(1) 运行程序,分析运行结果并给出结论。

(2) 在程序中分别找出实现"超直线"斜率、截距的语句,并且找出实现预测的语句。

(3) 采集一组数据如表 1.15.2 所示。

表 1.15.2 采集的 6 个人的身高与体重

身高/厘米	167.09	181.65	176.27	173.27	172.18	160.34
体重/千克	55.25	76.25	73.45	68.56	69.45	54.32

绘制"超直线"和散点图,并预测身高为 186.5 厘米的人的体重。

3. 多元线性回归预测模型

(1) 多元线性回归预测算法。

实验 15.3 数据存储在 D 盘 data_mining_sy 文件夹下的 test_data.txt 文件中,实现多元线性回归预测算法。

程序代码如下:

```
import random
import numpy as np
import matplotlib.pyplot as plt
```

```python
fp="D:/data_mining_sy/test_data.txt"
f=open(fp,'r',encoding='utf-8')
data=f.read()
a=data.split(',')
dataset=[]
sz=[1.0]
sz.append(float(a[1]))
sz.append(float(a[2]))
sz.append(float(a[3]))
for i in range(4,200,4):
    aa=a[i].split('\n')
    sz.append(float(aa[0]))
    dataset.append(sz)
    sz=[]
    sz.append(float(aa[1]))
    sz.append(float(a[i+1]))
    sz.append(float(a[i+2]))
    sz.append(float(a[i+3]))
data=np.array(dataset)
def featureNormalize(X):                              #特征缩放
    X_norm=X;
    mu=np.zeros((1,X.shape[1]))
    sigma=np.zeros((1,X.shape[1]))
    for i in range(X.shape[1]):
        mu[0,i]=np.mean(X[:,i])                       #均值
        sigma[0,i]=np.std(X[:,i])                     #标准差
    X_norm=(X-mu)/sigma
    return X_norm,mu,sigma
def computeCost(X,y,theta):                           #计算损失
    m=y.shape[0]
    C=X.dot(theta)-y
    J2=(C.T.dot(C))/(2*m)
    return J2
def gradientDescent(X,y,theta,alpha,num_iters):       #梯度下降
    m=y.shape[0]
    J_history=np.zeros((num_iters,1))                 #存储历史误差
    for iter in range(num_iters):
        #对J求导,得到 alpha/m * (WX-Y) * x(i),(3,m) * (m,1)X(m,3) * (3,1) = (m,1)
        theta=theta-(alpha/m) * (X.T.dot(X.dot(theta)-y))
        J_history[iter]=computeCost(X,y,theta)
    return J_history,theta
iterations=10000                                      #迭代次数
alpha=0.01                                            #学习率
x=data[:,(1,2,3)].reshape((-1,3))
    #数据特征的输入,采用数据集一行的第1、2、3个数据,然后将其变成一行,所以用reshape
y=data[:,4].reshape((-1,1))                           #输出特征数据集的第4位
m=y.shape[0]
x,mu,sigma=featureNormalize(x)
X=np.hstack([x,np.ones((x.shape[0],1))])
```

```
theta=np.zeros((4,1))                    #因为x+y共有4个输入,所以theta是四维
j=computeCost(X,y,theta)
J_history,theta=gradientDescent(X,y,theta,alpha,iterations)
print('Theta found by gradient descent',theta)
def predict(data):
    testx=np.array(data)
    testx=((testx-mu)/sigma)
    testx=np.hstack([testx,np.ones((testx.shape[0],1))])
    price=testx.dot(theta)
    print('predict value is %f ' %(price))
predict([151.5,41.3,58.5])               #输入为三维
```

【分析讨论】

① 阅读程序,了解各模块完成的功能。

② 运行程序,分析程序的运行结果。

(2) 使用 LinearRegression()函数实现多元线性回归。

实验 15.4 训练与测试数据集取自波士顿房价数据集(boston),使用 LinearRegression()函数实现多元线性回归。

程序代码如下:

```
from sklearn.linear_model import LinearRegression
from sklearn.model_selection import train_test_split
from sklearn import datasets
boston=datasets.load_boston()
X=boston.data
y=boston.target
X=X[y<50.0]
y=y[y<50.0]
X_train,X_test,y_train,y_test=train_test_split(X,y,random_state=666)
reg=LinearRegression()
reg.fit(X_train,y_train)
print(reg.coef_)
print(reg.intercept_)
print(reg.score(X_test,y_test))
```

【分析讨论】

① 阅读程序,了解程序所完成的功能。

② 运行程序,分析程序的运行结果。

③ 将数据集中的数据换为如表 1.15.3 中所示的数据,完成程序的编写。

表 1.15.3 运输数据

运输里程/千米	运输次数	车　　型	运输时间/小时
100	4	1	9.3
50	3	0	4.8
100	4	1	8.9

续表

运输里程/千米	运输次数	车　　型	运输时间/小时
100	2	2	6.5
50	2	2	4.2
80	2	1	6.2
75	3	1	7.4
65	4	0	6
90	3	0	7.6
100	4	1	9.3
50	3	0	4.8
100	4	1	8.9
100	2	2	6.5

4. 非线性模型的线性变换

非线性拟合也可以使用线性拟合的方法,但需要将非线性模型做成线性模型来处理。例如有一个模型,它的曲线方程形式为 $y=ax^4+bx^2+c$。很明显,这是一个偶函数,关于 Y 轴对称,输入为 x,输出为 y。权重参数 a、b、c 需要通过已知的大量样本点 (x,y) 求出。

将问题转换为线性拟合的问题,即已知 x,那么 $x0=x^4$、$x1=x^2$、$x2=x^0=1$ 的 x0、x1、x2 就能够直接得到。更进一步,模型 $y=ax^4+bx^2+c$ 其实就可以表示为 $y=a*x0+b*x1+c*x2$,而后者就是线性模型了,因为这里 a、b、c 为未知权重系数,而且都是一次幂,x0、x1、x2 都是已知。

实验 15.5 使用预设模型 $y=ax^4+bx^2+c$(已假设 $a=10,b=6,c=20$)制造样本数据,然后使用不同方法来拟合得到 a、b、c。

程序代码如下:

```
import numpy as np
from sklearn.linear_model import LinearRegression
from matplotlib import pyplot as plt
# 生成数据
SAMPLE_NUM=1000
X=np.linspace(-2, 2, SAMPLE_NUM)
a=10
b=6
c=20
Y=list(map(lambda x: a * x**4+b * x**2+c, X))
Y_noise=[np.random.randn() * 5+y for y in Y]
plt.figure()
plt.legend()
plt.xlabel("x")
```

```python
plt.ylabel("y")
plt.scatter(X, Y_noise, c='blue', s=10, linewidths=0.3)
plt.show()
#直接求解,每个x阶次都要有对应的权重参数
#使用最小二乘法做多项式拟合
theta=np.polyfit(X, Y_noise, deg=4)
print(theta)
#如果曲线方程形式是已知的,要确定准确的方程参数,可以用如下方式
x0=np.array(list(map(lambda x: x**4, X)))
x1=np.array(list(map(lambda x: x**2, X)))
x2=np.ones(len(X))
#shape=(SAMPLE_NUM,3)
A=np.stack((x0, x1, x2), axis=1)
b=np.array(Y_noise).reshape((SAMPLE_NUM, 1))
while True:
    print("--------------------------------")
    print("|         方法列表如下:          |")
    print("|1-最小二乘法 Least Square Method|")
    print("|2-常规方程法 Normal Equation    |")
    print("|3-线性回归法 Linear regression  |")
    print("|0-退出                          |")
    print("--------------------------------")
    method=int(input("请输入(1、2、3、0):"))
    if method==1:
        theta, _, _, _=np.linalg.lstsq(A, b, rcond=None)
        theta=theta.flatten()
        a_=theta[0]
        b_=theta[1]
        c_=theta[2]
        print("拟合结果为: y={:.4f}*x^4+{:.4f}*x^2+{:.4f}".format(a_, b_, c_))
        Y_predict=list(map(lambda x: a_*x**4+b_*x**2+c_, X))
        plt.scatter(X, Y_noise, s=10, linewidths=0.3)
        plt.plot(X, Y_predict, c='red')
        plt.title("method {}: y={:.4f}*x^4+{:.4f}*x^2+{:.4f}".format
(method, a_, b_, c_))
        plt.show()
    elif method==2:
        AT=A.T
        A1=np.matmul(AT, A)
        A2=np.linalg.inv(A1)
        A3=np.matmul(A2, AT)
        A4=np.matmul(A3, b)
        A4=A4.flatten()
        print("A4=", A4)
        a_=A4[0]
        b_=A4[1]
        c_=A4[2]
        print("拟合结果为: y={:.4f}*x^4+{:.4f}*x^2+{:.4f}".format(a_, b_, c_))
        Y_predict=list(map(lambda x: a_*x**4+b_*x**2+c_, X))
```

```
            plt.scatter(X, Y_noise, s=10, linewidths=0.3)
            plt.plot(X, Y_predict, c='red')
            plt.title("method {}: y={:.4f}*x^4+{:.4f}*x^2+{:.4f}".format
(method, a_, b_, c_))
            plt.show()
        elif method==3:
            #使用线性回归构建模型拟合数据
            model=LinearRegression()
            X_normalized=A
            Y_noise_normalized=np.array(Y_noise).reshape((SAMPLE_NUM, 1))
            #model.fit(X_normalized, Y_noise_normalized)
            #使用已经拟合到的模型进行预测
            Y_predict=model.predict(X_normalized)
            a_=model.coef_.flatten()[0]
            b_=model.coef_.flatten()[1]
            c_=model.intercept_[0]
            print(model.coef_)
            print("拟合结果为: y={:.4f}*x^4+{:.4f}*x^2+{:.4f}".format(a_, b_, c_))
            plt.scatter(X, Y_noise, s=10, linewidths=0.3)
            plt.plot(X, Y_predict, c='red')
            plt.title("method {}: y={:.4f}*x^4+{:.4f}*x^2+{:.4f}".format
(method, a_, b_, c_))
            plt.show()
        else:
            break
```

【分析讨论】

(1) 阅读程序,了解各模块的功能以及整个程序完成的功能。

(2) 运行程序,分析程序的运行结果。

四、注意事项

(1) 当变量之间存在显著的相关关系时,可以使用一定的数学模型对其进行回归分析。

(2) 一元线性回归其实就是从一堆训练集中找出一条直线,使数据集到直线的距离差最小。

(3) 若将文本文件转换为 UTF-8 编码格式,复制到 PyCharm 中,在开始位置打印结果会出现'\ufeff',只需要把 UTF-8 编码格式改成 UTF-8-sig 即可去掉'\ufeff'。

五、思考题

(1) 线性回归模型的应用场景是根据已知的变量(自变量)来预测某个连续的数值变量(因变量)。试举例说明。

(2) 在线性预测模型 $y=a+bx+\varepsilon$ 中,a 为模型的截距,b 为模型的斜率,ε 为模型的误差。为什么说"要想得到理想的拟合线,就必须使误差 ε 达到最小"。

实验十六

逻辑回归模型实验

一、实验目的

本实验要求学生了解逻辑回归的意义及用途;掌握用 Python 实现逻辑回归算法的方法;熟练掌握使用 LogisticRegression() 函数进行逻辑回归实验的方法。

二、实验内容

(1) 逻辑回归算法实验。

(2) 使用 LogisticRegression() 函数实现逻辑回归实验。

三、实验指导

1. 逻辑回归算法的 Python 实现

实验 16.1 数据集文件为 D 盘 data_mining_sy 文件夹下的 test_data_set.txt,使用 Python 实现逻辑回归算法。

程序代码如下:

```
from numpy import *
def loadDataSet():                                      #读取数据(这里只有两个特征)
    dataMat=[]
    labelMat=[]
    filename="D:/data_mining_sy/test_data_set.txt"
    fr=open(filename,'r',encoding='UTF-8-sig')
    for line in fr.readlines():
        lineArr=line.split('\t')
        Mat=[1.0,]
        Mat.append(float(lineArr[0]))
        Mat.append(float(lineArr[1]))
        #dataMat.append([1.0,float(lineArr[0]),float(lineArr[1])])
        #前面的 1 表示方程的常量。例如有两个特征 X1、X2,共需要 3 个参数,W1+W2 * X1+W3 * X2
```

```
            dataMat.append(Mat)
            labelMat.append(int(lineArr[2].replace('\n','')))
    return dataMat,labelMat
dataMat,labelMat=loadDataSet()
def sigmoid(inX):                                    #sigmoid()函数
    return 1.0/(1+exp(-inX))
def gradAscent(dataMat,labelMat):                    #梯度上升求最优参数
    dataMatrix=mat(dataMat)                          #将读取的数据转换为矩阵
    classLabels=mat(labelMat).transpose()            #将读取的数据转换为矩阵
    m,n=shape(dataMatrix)
    alpha=0.001                      #设置梯度的阈值,该值越大梯度上升的幅度越大
    maxCycles=500                    #设置迭代的次数,一般根据实际情况进行设定
    weights=ones((n,1))              #设置初始的参数,默认值为1。注意,这里权重
                                     #以矩阵形式表示3个参数
    for k in range(maxCycles):
        h=sigmoid(dataMatrix*weights)
        error=(classLabels-h)                        #求导后的差值
        weights=weights+alpha*dataMatrix.transpose()*error   #迭代更新权重
    return weights
def stocGradAscent0(dataMat,labelMat):#随机梯度上升,当数据量比较大时,每次迭代都
                                     #选择全部数据进行计算,计算量会非常大,所以
                                     #在每次迭代中只选择其中的一行数据更新权重
    dataMatrix=mat(dataMat)
    classLabels=labelMat
    m,n=shape(dataMatrix)
    alpha=0.01
    maxCycles=500
    weights=ones((n,1))
    for k in range(maxCycles):
        for i in range(m):                           #遍历每一行
            h=sigmoid(sum(dataMatrix[i]*weights))
            error=classLabels[i]-h
            weights=weights+alpha*error*dataMatrix[i].transpose()
    return weights
def stocGradAscent1(dataMat,labelMat): #(改进版)随机梯度上升,在每次迭代中随机选
                                       #择样本更新权重,并且随着迭代次数增加,权
                                       #重变化减小
    dataMatrix=mat(dataMat)
    classLabels=labelMat
    m,n=shape(dataMatrix)
    weights=ones((n,1))
    maxCycles=500
    for j in range(maxCycles):                       #迭代
        dataIndex=[i for i in range(m)]
        for i in range(m):                           #随机遍历每一行
            alpha=4/(1+j+i)+0.0001            #随着迭代次数增加,权重变化减小
            randIndex=int(random.uniform(0,len(dataIndex)))   #随机抽样
            h=sigmoid(sum(dataMatrix[randIndex]*weights))
            error=classLabels[randIndex]-h
```

```
                        weights=weights+alpha * error * dataMatrix[randIndex].transpose()
                    del(dataIndex[randIndex])              #去除已经抽取的样本
        return weights
    def plotBestFit(weights):                              #画出最终分类的图
        import matplotlib.pyplot as plt
        dataMat,labelMat=loadDataSet()
        dataArr=array(dataMat)
        n=shape(dataArr)[0]
        xcord1=[];ycord1=[]
        xcord2=[];ycord2=[]
        for i in range(n):
            if int(labelMat[i])==1:
                xcord1.append(dataArr[i,1])
                ycord1.append(dataArr[i,2])
            else:
                xcord2.append(dataArr[i,1])
                ycord2.append(dataArr[i,2])
        fig=plt.figure()
        ax=fig.add_subplot(111)
        ax.scatter(xcord1,ycord1,s=30,c='red',marker='s')
        ax.scatter(xcord2,ycord2,s=30,c='green')
        x=arange(-3.0,3.0,0.1)
        y=(-weights[0]-weights[1] * x)/weights[2]
        ax.plot(x,y)
        plt.xlabel('X1')
        plt.ylabel('X2')
        plt.show()
    if __name__=='__main__':
        dataMat,labelMat=loadDataSet()
        weights=gradAscent(dataMat,labelMat).getA()
        plotBestFit(weights)
```

【分析讨论】

(1) 阅读程序,了解各模块的功能,以进一步理解逻辑回归的原理。

(2) 运行程序,分析程序的运行结果。

(3) 将"梯度上升求最优参数"函数换成如下"随机梯度上升求最优参数"函数,分析程序的运行结果。

```
    def gradAscent(dataMat,labelMat):
        dataMat=mat(dataMat)
        m,n=shape(dataMat)
        labelMat=mat(labelMat).T
        #假设 weight=1
        weights=ones((n,1))
        alpha=0.00001                                      #学习率
        num=500000                                         #循环次数
        for k in range(num):
            #数据集的运算:num * m
            #计算 z 值
```

```
        z=dataMat * weights
        y=sigmoid(z)
        error=labelMat-y
        #更新 weights
        weights=weights+alpha * dataMat.T * error
    return weights
```

2. 使用 LogisticRegression( )函数实现逻辑回归

实验 16.2 使用 LogisticRegression( )函数实现鸢尾花数据的逻辑回归分类。
程序代码如下:

```
import numpy as np
import matplotlib.pyplot as plt
from sklearn.model_selection import train_test_split
#使用交叉验证的方法把数据集分为训练集和测试集
from sklearn import datasets
from sklearn.linear_model import LogisticRegression
diabetes=datasets.load_iris()                           #加载 iris 数据集
X_train, X_test, y_train, y_test = train_test_split(diabetes.data, diabetes.
target,test_size=0.30,random_state=0)                   #将数据集拆分为训练集和测试集
#使用 LogisticRegression()考察线性回归的预测能力
clf=LogisticRegression()
clf.fit(X_train,y_train)                                #把数据交给模型进行训练
print("Coefficients:%s,intercept %s"%(clf.coef_,clf.intercept_))
print("Residual sum of squares: %.2f"%np.mean((clf.predict(X_test)-y_test)**2))
print('Score: %.2f' %clf.score(X_test,y_test))
```

【分析讨论】

(1) 阅读程序,了解各模块完成的功能。
(2) 运行程序,分析运行结果并给出结论。
(3) 给出下列程序段中各语句的功能。

```
from sklearn.linear_model import LogisticRegression
from sklearn.datasets import load_iris
iris=load_iris()
X=iris.data[:,[2,3]]
y=iris.target
clf=LogisticRegression()
clf.fit(X,y)
print(clf.predict(X[:2,:]))
print(clf.predict_proba(X[:2,:]))
```

四、注意事项

(1) 逻辑回归算法通过训练数据中的正/负例样本学习样本特征,得到样本标签之间的假设函数。
(2) 逻辑回归模型在 Sklearn.linear_model 子类下,调用 Scikit-learn 逻辑回归算法的步骤如下:

① 调用逻辑回归函数 LogisticRegression()。
② 调用 fit(x,y)来训练模型,其中 x 为数据的属性,y 为数据所属的类型。
③ 利用训练得到的模型对数据集进行预测,返回 predict()函数的预测结果。

五、思考题

(1) 举例说明逻辑回归模型在社会中的应用。
(2) 线性回归和逻辑回归的联系与区别是什么?

实验十七 多项式回归模型实验

一、实验目的

本实验要求学生了解使用多项式回归进行预测的意义,利用实验结果及可视化展示对比线性回归与多项式回归的数据的不同分布;掌握 Scikit-learn 中的多项式回归预测分析方法;了解多项式回归模型正则化的意义。

二、实验内容

(1)线性回归与多项式回归的对比实验。
(2)Scikit-learn 中的多项式回归预测实验。
(3)多项式回归模型的正则化实验。

三、实验指导

1. 线性回归与多项式回归的对比

实验 17.1 虚拟一组多项式回归数据,分别使用线性回归和多项式回归拟合。
程序代码如下:

```
import numpy as np
from sklearn.linear_model import LinearRegression
import matplotlib.pyplot as plt
#生成虚拟数据
x=np.random.uniform(-3,3,size=100)
X=x.reshape(-1,1)
y=0.5+x**2+x+2+np.random.normal(0,1,size=100)
plt.scatter(x,y)
plt.show()
#使用线性回归拟合
lin_reg=LinearRegression()
```

```
lin_reg.fit(X,y)
y_predict=lin_reg.predict(X)
plt.scatter(x,y)
plt.plot(x,y_predict,color='r')
plt.show()
#使用多项式回归拟合
X2=np.hstack([X,X**2])
lin_reg2=LinearRegression()
lin_reg2.fit(X2,y)
y_predict2=lin_reg2.predict(X2)
plt.scatter(x,y)
plt.plot(np.sort(x),y_predict2[np.argsort(x)],color='r')
plt.show()
```

【分析讨论】

(1) 阅读程序，了解各模块的功能。

(2) 运行程序，分析程序的运行结果。

(3) 如果改成线性回归虚拟数据，分析程序的运行结果。

2. Scikit-learn 中的多项式回归预测

实验 17.2 温度对压力影响的训练数据存储在 D 盘 data_mining_sy 文件夹下的 data.csv 文件中，使用 PolynomialFeatures() 函数进行多项式回归，并对温度为 180℃ 时的压力进行预测。

程序代码如下：

```
import numpy as np
from sklearn.preprocessing import PolynomialFeatures
from sklearn.linear_model import LinearRegression
import matplotlib.pyplot as plt
import pandas as pd
datas=pd.read_csv('D:/data_mining_sy/data.csv')
#第1步:将数据集分为两个组
X=datas.iloc[:,1:2].values
y=datas.iloc[:,2].values
#第2步:将多项式回归拟合到数据集
poly=PolynomialFeatures(degree=4)
X_poly=poly.fit_transform(X)
poly.fit(X_poly,y)
lin2=LinearRegression()
lin2.fit(X_poly,y)
#第3步:使用散点图可视化多项式回归结果
plt.scatter(X,y,color='blue')
plt.plot(X,lin2.predict(poly.fit_transform(X)),color='red')
plt.title('Polynomial Regression')
plt.xlabel('Temperature')
plt.ylabel('Pressure')
plt.show()
#第4步:使用多项式回归预测新结果
```

```
x_predict=np.array([180]).reshape(-1,1)
y_predict=lin2.predict(poly.fit_transform(x_predict))
print('温度为',x_predict,'的压力预测值:',y_predict)
```

【分析讨论】

（1）阅读程序，分析各模块完成的功能。

（2）运行程序，分析运行结果并给出结论，然后将次数分别改成 2 和 6 观看运行结果。

（3）了解在程序中使用 np.reshape() 函数进行规范化的意义。

注意：np.reshape(－1,1) 设定新排布的列数为 1、行数为未知；np.reshape(1,－1) 设定新排布的行数为 1、列数为未知；np.reshape(－1,2) 设定新排布的列数为 2、行数为未知。

3. 多项式回归模型的正则化

通常来说，人们收集到的数据可能包含一些异常数据。朴素多项式回归对数据有很好的拟合效果，同时可以拟合出异常数据的关系，最终导致训练出的模型对训练数据集的拟合很好，但是对测试数据集的拟合很差，因此模型的泛化能力很差。

实验 17.3 使用 3 种正则化方法 L1、L2、L1＋L2 降低过拟合现象，增加泛化能力，并进行可视化展示。

程序代码如下：

```
import numpy as np
import matplotlib.pyplot as plt
from sklearn.pipeline import Pipeline
from sklearn.preprocessing import PolynomialFeatures    #特征扩展器
from sklearn.preprocessing import StandardScaler
from sklearn.linear_model import LinearRegression,Ridge,ElasticNet,Lasso
#生成原始数据
np.random.seed=21
x=(np.linspace(-3,3,50)).reshape((-1,1))
y=0.2+x**2
y_train=y+np.random.normal(0,2,size=len(x)).reshape((-1,1))
#多项式特征扩展
poly=PolynomialFeatures(degree=20)
poly.fit(x)
x_train=poly.transform(x)
#数据标准化及模型选择,对多项式回归不加正则化
model1=Pipeline([('sca',StandardScaler()),('lin_reg',LinearRegression()),])
#数据标准化及模型选择,给多项式回归加入 L2 正则化
model2=Pipeline([('sca',StandardScaler()),('ridge',Ridge(solver='cholesky')),])
#数据标准化及模型选择,给多项式回归加入 L1 正则化
model3=Pipeline([('sca',StandardScaler()),('lasso',Lasso()),])
#数据标准化及模型选择,给多项式回归加入 L2+L1 正则化(弹性网回归,Elastic Net Regression)
model4=Pipeline([('sca',StandardScaler()),('elasticnet',ElasticNet()),])
model1.fit(x_train,y_train)
model2.fit(x_train,y_train)
```

```
model3.fit(x_train,y_train)
model4.fit(x_train,y_train)
plt.ylim(-2,11)
plt.plot(x,y,'r')                               #无噪声原始函数关系
plt.scatter(x,y_train)                          #加入噪声后的散点图
plt.plot(x,model1.predict(x_train),'b')         #无正则项的多项式回归
plt.plot(x,model2.predict(x_train),'g')         #L2 正则化的多项式回归
plt.plot(x,model3.predict(x_train),'black')     #L1 正则化的多项式回归
plt.plot(x,model4.predict(x_train),'m')         #L1+L2 正则化的多项式回归
plt.show()
features=x_train.shape[1]
print('扩展后的特征数:',features)
print('训练集的形状:',x_train.shape)
```

【分析讨论】

(1) 阅读程序,了解各模块的功能以及整个程序完成的功能。

(2) 运行程序,分析程序的运行结果。

(3) 了解多项式回归模型正则化的特点。

注意:L1 将系数收缩为 0(正好为 0),这有助于选择特征;L2 收缩系数的值,但不会达到 0,这表明没有选择特征;当有多个相关的特征时,L1 可能随机选择其中一个,而 L1+L2 很可能两个都选。

四、注意事项

(1) 多项式回归最大的优点就是可以通过增加 x 的高次项对实测点进行逼近,直到满意为止。这也正是它最大的缺点,因为通常情况下过高的维度对数据进行拟合,在训练集上会有很好的表现,但是在测试集上可能就不那么理想了。

(2) PolynomialFeatures()函数用来做预处理,其功能是转换数据,将数据进行升维。

(3) 对于多项式回归过拟合现象,在其损失函数中加入正则项可以有效地缓解过拟合,降低模型的复杂度。

(4) 多项式回归虽然拟合了多项式曲线,但其本质仍然是线性回归,只不过将输入的特征做了一些调整,增加了它们的多次项数据作为新特征。

五、思考题

(1) 在多项式回归中如何构建新的特征?

(2) 当存在多维特征时,为什么说多项式回归能够发现特征之间的相互关系?

实验十八

BP网络分类实验

一、实验目的

本实验要求学生了解 BP(Back Propagation)网络分类的基本原理;掌握 BP 网络分类的方法;熟练掌握 sklearn.neural_network 中神经网络模块的用法。

二、实验内容

(1) 实现 BP 网络分类实验。
(2) sklearn.neural_network 中的神经网络模块实验。

三、实验指导

1. 实现 BP 网络分类

实验 18.1　使用 Python 创建一个包含 3 个输入层节点、3 个隐藏层节点、一个输出层节点的神经网络,实现 BP 网络分类。

程序代码如下:

```
import numpy as np
import math
import random
import string
import matplotlib as mpl
import matplotlib.pyplot as plt
#设置相同的随机数种子,每次生成的随机数相同。如果不设置随机数种子,则每次会生成不同的
#随机数
#[a,b]区间内的随机数
def random_number(a,b):
    return (b-a) * random.random()+a
def makematrix(m,n,fill=0.0):            #生成一个矩阵,大小为 m * n,并且设置为零矩阵
    a=[]
    for i in range(m):
```

```
            a.append([fill] * n)
    return a
def sigmoid(x):
    return math.tanh(x)
    #sigmoid()函数,这里采用tanh(),因为产生的效果要比标准的sigmoid()函数好理解
def derived_sigmoid(x):                           #sigmoid()的派生函数
    return 1.0-x**2
class BPNN:                                       #构造3层BP网络架构
    def __init__(self,num_in,num_hidden,num_out):
        #输入层、隐藏层、输出层的节点数
        self.num_in=num_in+1                      #增加一个偏置节点
        self.num_hidden=num_hidden+1              #增加一个偏置节点
        self.num_out=num_out
        #激活神经网络的所有节点(向量)
        self.active_in=[1.0] * self.num_in
        self.active_hidden=[1.0] * self.num_hidden
        self.active_out=[1.0] * self.num_out
        #创建权重矩阵
        self.weight_in=makematrix(self.num_in,self.num_hidden)
        self.weight_out=makematrix(self.num_hidden, self.num_out)
        #对权重矩阵赋初值
        for i in range(self.num_in):
            for j in range(self.num_hidden):
                self.weight_in[i][j]=random_number(-0.2,0.2)
        for i in range(self.num_hidden):
            for j in range(self.num_out):
                self.weight_out[i][j]=random_number(-0.2,0.2)
        #建立动量因子(矩阵)
        self.ci=makematrix(self.num_in,self.num_hidden)
        self.co=makematrix(self.num_hidden,self.num_out)
    #信号正向传播
    def update(self,inputs):
        if len(inputs)!=self.num_in-1:
            raise ValueError('与输入层的节点数不符')
        #将数据输入输入层
        for i in range(self.num_in-1):
            #self.active_in[i]=sigmoid(inputs[i]) #或者先在输入层进行数据处理
            self.active_in[i]=inputs[i]           #active_in[]是输入数据的矩阵
        #数据在隐藏层的处理
        for i in range(self.num_hidden-1):
            sum=0.0
            for j in range(self.num_in):
                sum=sum+self.active_in[i] * self.weight_in[j][i]
            self.active_hidden[i]=sigmoid(sum)
        #active_hidden[]是在处理完输入数据之后进行存储,作为输出层的输入数据
        #数据在输出层的处理
        for i in range(self.num_out):
            sum=0.0
            for j in range(self.num_hidden):
```

```
            sum=sum+self.active_hidden[j] * self.weight_out[j][i]
        self.active_out[i]=sigmoid(sum)
    return self.active_out[:]
#误差反向传播
def errorbackpropagate(self,targets,lr,m):      #lr 是学习率, m 是动量因子
    if len(targets)!=self.num_out:
        raise ValueError('与输出层的节点数不符!')
    #首先计算输出层的误差
    out_deltas=[0.0] * self.num_out
    for i in range(self.num_out):
        error=targets[i]-self.active_out[i]
        out_deltas[i]=derived_sigmoid(self.active_out[i]) * error
    #然后计算隐藏层的误差
    hidden_deltas=[0.0] * self.num_hidden
    for i in range(self.num_hidden):
        error=0.0
        for j in range(self.num_out):
            error=error+out_deltas[j] * self.weight_out[i][j]
        hidden_deltas[i]=derived_sigmoid(self.active_hidden[i]) * error
    #首先更新输出层的权值
    for i in range(self.num_hidden):
        for j in range(self.num_out):
            change=out_deltas[j] * self.active_hidden[i]
            self.weight_out[i][j]=self.weight_out[i][j]+lr * change+m * self.co[i][j]
            self.co[i][j]=change
    #然后更新输入层的权值
    for i in range(self.num_in):
        for i in range(self.num_hidden):
            change=hidden_deltas[j] * self.active_in[i]
            self.weight_in[i][j]=self.weight_in[i][j]+lr * change+m * self.ci[i][j]
            self.ci[i][j]=change
    #计算总误差
    error=0.0
    for i in range(len(targets)):
        error=error+0.5 * (targets[i]-self.active_out[i])**2
    return error
def test(self,patterns):                         #测试
    for i in patterns:
        print(i[0],'->',self.update(i[0]))
def weights(self):                               #权重
    print("输入层的权重")
    for i in range(self.num_in):
        print(self.weight_in[i])
    print("输出层的权重")
    for i in range(self.num_hidden):
        print(self.weight_out[i])
def train(self,pattern,itera=100000,lr=0.1,m=0.1):
```

```
                for i in range(itera):
                    error=0.0
                    for j in pattern:
                        inputs=j[0]
                        targets=j[1]
                        self.update(inputs)
                        error=error+self.errorbackpropagate(targets, lr, m)
                    if i%100==0:
                        print('误差 %-.5f' %error)
patt=[[[1,2,5],[0]],[[1,3,4],[1]],[[1,6,2],[1]],[[1,5,1],[0]],[[1,8,4],[1]]]
n=BPNN(3,3,1)          #创建神经网络,其包含3个输入层节点、3个隐藏层节点、一个输出层节点
n.train(patt)                                        #训练神经网络
n.test(patt)                                         #测试神经网络
n.weights()                                          #查看权重值
```

【分析讨论】

(1) 结合注释阅读程序,了解各模块的功能,进一步理解 BP 神经网络的原理。

(2) 运行程序,分析程序的运行结果。

(3) 将程序中采用的 tanh() 换为 sigmoid() 函数,对比实验结果。

2. sklearn.neural_network 中的神经网络模块

神经网络模块存放在 sklearn.neural_network 中,它有以下3类。

- neural_network.MLPRegressor([…]):多层感知回归。
- neural_network.MLPClassifier([…]):多层感知分类器。
- neural_network.BernoulliRBM([n_components,…]):伯努利受限玻尔兹曼机。

多层感知包括分类器和回归类,其库是一样的。

1) MLPRegressor()函数

MLPRegressor()函数的常用格式如下:

```
class sklearn.neural_network.MLPRegressor(hidden_layer_sizes=(100,),
activation='relu',solver='adam',alpha=0.0001,learning_rate='constant',
max_iter=200)
```

(1) 参数说明。

- hidden_layer_sizes:隐含层的神经元个数。
- activation:激活函数,默认为'relu',可选值为['identity'、'logistic'、'tanh'、'relu']。
- solver:权重优化的解决方案,取值为'lbfgs'、'sgd'或'adam'。
- alpha:正则系数(惩罚系数),默认为 0.0001。
- learning_rate:学习率。
- max_iter:最大迭代次数。

(2) 类的属性。

- loss_:float 类型,计算当前损失值。
- coefs_:list 类型,长度为 n_layers-1,用于存储权重。
- intercepts_:list 类型,用于存储偏置(偏差,bias)。

- n_layers_：int 类型，网络层数。
- n_outputs_：int 类型，输出个数。
- out_activation_：输出激活函数的名称。

(3) 常用函数。
- fit(X,y)：装载数据。
- get_params([deep])：获取参数。
- predict(X)：预测。
- score(X,y[,sample_weight])：返回预测的确定系数。

实验 18.2 生成[-3.14,3.14]区间中平均分割的 400 个点的模拟自变量数据集，使用 MLPRegressor()函数实现神经网络回归预测。

程序代码如下：

```
import numpy as np
import matplotlib.pyplot as plt
from sklearn.neural_network import MLPRegressor
from sklearn import datasets
X=np.linspace(-3.14,3.14,400)
X1=X.reshape(-1,1)                                    #将 X 转换为一个一维数组
y=np.sin(X)+0.3*np.random.rand(len(X))                #生成模拟的目标变量数据
clf=MLPRegressor(alpha=1e-6,hidden_layer_sizes=(3,2),max_iter=100000,
activation='logistic')                                #创建模型对象
clf.fit(X1,y)                                         #训练模型
y2=clf.predict(X1)                                    #作出预测曲线
plt.scatter(X,y)                                      #画图
plt.plot(X,y2,c="red")
plt.show()
```

【分析讨论】
① 了解 MLPRegressor()函数常用参数的含义。
② 运行程序，分析运行结果并给出结论。
③ 在程序中分别用激活函数 tanh()、relu()，查看程序的运行结果。

2) MLPClassifier()函数

MLPClassifier()函数的相关内容可参考主教材中的 10.4.2 节。

实验 18.3 MLPClassifier()函数的 Python 实现。

程序代码如下：

```
from sklearn.neural_network import MLPClassifier
X=[[0., 0.], [1., 1.],[0.01,0.2],[0.21,0.11],[1.2,2.0],[0.98,1.2],[2.0,2.9]]
y=[0, 1,0,0,1,1,1]
clf=MLPClassifier(solver='lbfgs', alpha=1e-5,hidden_layer_sizes=(5, 2),
random_state=1)
clf.fit(X, y)
print(clf.predict([[2., 2.], [-1., -2.]]))
print(clf.predict_proba([[2., 2.], [-1.,-2.]]))
```

【分析讨论】

① 了解 MLPClassifier()函数的常用参数的含义。

② 运行程序,分析运行结果并给出结论。

3) BernoulliRBM()函数

伯努利受限玻尔兹曼机并不是一个分类器或者预测模型,而是一个类似于 PCA 的特征提取模型,它通过一种双层网络来提取数据特征(常用来提取图像和语音特征),而这些数据特征可以重构出原来的数据。BernoulliRBM()函数的常用格式如下:

```
BernoulliRBM(n_components=nComponents,n_iter=30,learning_rate=0.2,verbose=
True,random_state=0)
```

其参数说明如下。

- n_components：主成分。
- n_iter：迭代次数。
- learning_rate：学习率。
- verbose：设置是否输出训练时的信息。
- random_state：可选,默认(None)无随机数生成器的状态或种子。如果是 int 类型,则 random_state 是随机数生成器使用的种子。

实验 18.4　基于 BernoulliRBM 实现手写数字图片识别提高准确率。

程序代码如下:

```
import numpy as np
import matplotlib.pyplot as plt
from scipy.ndimage import convolve
from sklearn import linear_model,datasets,metrics
from sklearn.model_selection import train_test_split
from sklearn.neural_network import BernoulliRBM
from sklearn.pipeline import Pipeline
from sklearn.base import clone
def nudge_dataset(X,Y):         #通过将 X 中的 8×8 图像向左、向右、向下、向上移动 1px,可
                                #以生成比原始图像大 5 倍的数据集
    direction_vectors=[[[0,1,0],[0,0,0],[0,0,0]],
            [[0,0,0],[1,0,0],[0,0,0]],
            [[0,0,0],[0,0,1],[0,0,0]],
            [[0,0,0],[0,0,0],[0,1,0]]]
    def shift(x,w):
        return convolve(x.reshape((8,8)),mode='constant',weights=w).ravel()
    X=np.concatenate([X]+[np.apply_along_axis(shift,1,X,vector)
                    for vector in direction_vectors])
    Y=np.concatenate([Y for _ in range(5)],axis=0)
    return X,Y
#装载数据
X,y=datasets.load_digits(return_X_y=True)
X=np.asarray(X,'float32')
```

实验十八 BP网络分类实验

```
X,Y=nudge_dataset(X,y)
X=(X-np.min(X,0))/(np.max(X,0)+0.0001)        #0-1标准化
X_train,X_test,Y_train,Y_test=train_test_split(
    X,Y,test_size=0.2,random_state=0)
#将使用的模型
logistic=linear_model.LogisticRegression(solver='newton-cg',tol=1)
rbm=BernoulliRBM(random_state=0,verbose=True)
rbm_features_classifier=Pipeline(steps=[('rbm',rbm),('logistic',logistic)])
#开始训练,由交叉验证设置超级参数
rbm.learning_rate=0.06
rbm.n_iter=10
#更多的分量往往能提供更好的预测性能,但需要更多的拟合时间
rbm.n_components=100
logistic.C=6000
#训练 RBM-Logistic
rbm_features_classifier.fit(X_train,Y_train)
#直接在像素上训练 Logistic 模型分类器
raw_pixel_classifier=clone(logistic)
raw_pixel_classifier.C=100.
raw_pixel_classifier.fit(X_train,Y_train)
Y_pred=rbm_features_classifier.predict(X_test)
print("Logistic regression using RBM features:%s" % (metrics.classification_
    report(Y_test,Y_pred)))
Y_pred=raw_pixel_classifier.predict(X_test)
print("Logistic regression using raw pixel features:%s" % (metrics.classification_
    report(Y_test,Y_pred)))
#Plotting
plt.figure(figsize=(4.2,4))
for i,comp in enumerate(rbm.components_):
    plt.subplot(10,10,i+1)
    plt.imshow(comp.reshape((8,8)),cmap=plt.cm.gray_r,interpolation='nearest')
    plt.xticks(())
    plt.yticks(())
plt.suptitle('100 components extracted by RBM',fontsize=16)
plt.subplots_adjust(0.08,0.02,0.92,0.85,0.08,0.23)
plt.show()
```

【分析讨论】

① 了解 BernoulliRBM() 函数的常用参数的含义。

② 阅读程序,了解各模块的功能。

③ 运行程序,分析运行结果并给出结论。

④ 如果把主成分修改成 80,对比程序的运行结果。

四、注意事项

（1）BP 神经网络是一个误差反向传播算法的学习过程,由信息的正向传播和误差的

反向传播两个过程组成。

（2）多层感知机（Multilayer Perceptron，MLP）是由多个感知机层全连接组成的前馈神经网络，这种模型在非线性问题中表现出色。

五、思考题

（1）简述 BP 神经网络的原理，并举例说明。

（2）MLPRegressor()、MLPClassifier()和 BernoulliRBM()在应用上有何区别？

第二部分 课程实训

实训一

北京市二手房数据分析

北京市是中华人民共和国首都、省级行政区、直辖市、国家中心城市、超大城市,国务院批复确定的中国政治中心、文化中心、国际交往中心、科技创新中心。根据国家统计局北京调查总队发布的《北京市2023年国民经济和社会发展统计公报》,截至2023年末,北京常住人口2185.8万人,其中,城镇人口1919.8万人;全市下辖16个区,总面积16410.54km^2,平均人口密度约为1332人/km^2。

一、课题研究背景和意义

北京市是人口极多的超大城市,是房源极其紧张的城市,所以二手房的房源分析对于北京市的居住人口来说是极其重要的。二手房是指已经在房地产交易中心备案、完成初始登记和总登记的、再次上市进行交易的房产。它是相对开发商手里的商品房而言的,是房地产产权交易三级市场的俗称,包括商品房、允许上市交易的二手公房(房改房)、解困房、拆迁房、自建房、经济适用房、限价房。众所周知,发展二手房市场对于稳定住房价格、引导梯次消费、实现住房市场的健康发展具有重要的现实意义。

随着我国房地产市场的不断发展,以及我国人口的不断增长,人们对住所的要求也在不断上升。以北京市为例,若对其各区的二手房房源数据进行统计、分析,将有利于人们更加全面地认识二手房市场,对未来房价的发展方向做出更加准确的预测;若同时对二手房的房屋户型、朝向、地理位置进行定量、定性分析,将有利于人们更加了解市场的行情,有助于人们日后挑选商品房时拥有更加丰富的经验。

二、数据源及数据理解

数据源存储在 D:/Data_mining_sx/part1 下的数据文件 house_data.csv 中,主要获取了包括区/县、区域、小区、总价、单价、房屋户型、楼层、总面积、朝向等20个字段的数据。结合房地产行业的相关公式和人们日常生活中的常识对这些数据进行处理,获取相关的因变量和自变量之间的关系,然后进行房地产行业的数据发掘,获取相关信息,从而对北京市的二手房信息有一个深入的认识。

在获取数据后要对数据进行清洗,否则若原始数据中存在一些错误、缺失、重复或异常值,会影响后续分析结果的准确性。在"D:/Data_mining_sx/part1"下有两个数据文件,一个是 house_data.csv,该文件内容较全,但"小区均价"字段的值有误,其值是"小区建成"字段的取值;另一个是 house_data1.csv,"小区均价"字段的值存储在 house_data1.csv 文件中,且其值按"小区"字段升序排序。下面的实训 1.1 将对这些数据进行处理,并存储到数据文件 deal_data.csv 中。

实训 1.1 对原始数据进行处理。

程序代码如下:

```
import csv
import pandas as pd
import matplotlib.pyplot as plt
import os
os.chdir('D:/Data_mining_sx/part1')                    #改变当前路径
df1=pd.read_csv(r'house_data.csv')
df=df1[['区/县','区域','小区','总价','单价','房屋户型','楼层','总面积','朝向',
'建筑结构','装修情况','是否满五','是否有房本','小区均价']]
#修改"小区均价"字段名为"小区建成"
df.columns=['区/县','区域','小区','总价','单价','房屋户型','楼层','总面积',
'朝向','建筑结构','装修情况','是否满五','是否有房本','小区建成']
df2=pd.read_csv('house_data1.csv',encoding='gb18030')
data_avg=[]
for i in range(len(df)):
    df21=df2.loc[i].values[0]
    df22=df21.split('\t')
    data_avg.append([int(df22[0]),float(df22[6])])
df_data=pd.DataFrame(data_avg,columns=['index','小区均价'])
df_f=pd.merge(df,df_data,left_on=df.index,right_on='index')
df_f.to_csv('deal_data.csv')
```

实训 1.2 北京市二手房的房源分布情况。

程序代码如下:

```
import pandas as pd
import matplotlib.pyplot as plt
import os
os.chdir('D:/Data_mining_sx/part1')                    #改变当前路径
data=pd.read_csv(' deal_data.csv')
need_data=data[['区/县','区域','小区','总价','单价','房屋户型','楼层','总面积',
'小区均价','朝向','建筑结构','装修情况','是否满五','是否有房本']]
#图表中文显示
plt.rcParams['font.sans-serif']=['SimHei']
plt.rcParams['axes.unicode_minus']=False
fig,ax=plt.subplots()
need_data['区/县'].value_counts().plot(kind='bar',color=['green','red',
'blue','grey','pink'],alpha=0.5)
```

```
plt.title('北京市二手房各区、县房源分布信息',fontsize=15)
plt.xlabel('区、县名称',fontsize=15)
plt.ylabel('房源数量',fontsize=15)
plt.grid(linestyle=":",color="r")
plt.xticks(rotation=60)
plt.legend()
plt.show()
```

程序的运行结果如图 2.1.1 所示。

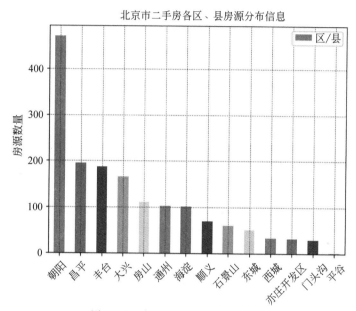

图 2.1.1　实训 1.2 程序的运行结果

从该图可以看出朝阳、昌平、丰台的二手房房源数量较多,平谷、亦庄开发区、门头沟的房源较少,说明接近市中心、交通方便的房源数量较多,离市中心较远的房源数量较少。

三、数据源数据分析

1. 房屋均价分布

实训 1.3　各区、县房屋均价分布情况。

程序代码如下:

```
import pandas as pd
import matplotlib.pyplot as plt
import os
os.chdir('D:/Data_mining_sx/part1')            #改变当前路径
data=pd.read_csv('deal_data.csv',encoding='gb18030')
need_data=data[['区/县','区域','小区','总价','单价','房屋户型','楼层','总面积',
'小区均价','朝向','建筑结构','装修情况','是否满五','是否有房本']]
plt.rcParams['font.sans-serif']=['SimHei']
plt.rcParams['axes.unicode_minus']=False
fig,ax=plt.subplots()
```

```
need_data.groupby('区/县').mean()['单价'].sort_values(ascending=True).plot
(kind='barh',color=['r','g','y','b'],alpha=0.5)
plt.title('北京市二手房各区、县房屋均价分布信息',fontsize=15)
plt.xlabel('房屋均价',fontsize=15)
plt.ylabel('区、县名称',fontsize=15)
plt.grid(linestyle=":",color="r")
plt.legend()
plt.show()
```

程序的运行结果如图 2.1.2 所示。

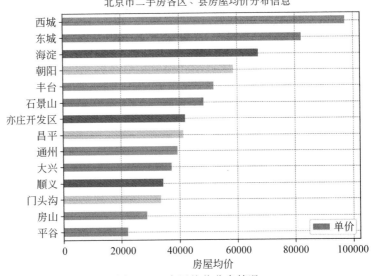

图 2.1.2　房屋均价分布情况

从该图可以看出西城、东城、海淀的房屋均价较高,房山、平谷、门头沟的房屋均价较低。东城、西城为北京市中心,而海淀区教育资源丰富,学区房较多,所以三者的房屋均价较高;平谷、房山等离市区较远,所以房屋均价相对较低。

2. 房屋户型情况分析

实训 1.4　房屋户型数据分析。

程序代码如下:

```
import pandas as pd
import matplotlib.pyplot as plt
import numpy as np
import os
os.chdir('D:/Data_mining_sx/part1')
data=pd.read_csv('deal_data.csv')
need_data=data[['区/县','区域','小区','总价','单价','房屋户型','楼层','总面积',
'小区均价','朝向','建筑结构','装修情况','是否满五','是否有房本']]
plt.rcParams['font.sans-serif']=['SimHei']
plt.rcParams['axes.unicode_minus']=False
fig,ax=plt.subplots()
```

```
arr=need_data.groupby('房屋户型',as_index=False).agg(数量=('区域','count')).
sort_values(by='数量',ascending=False)
X=need_data['房屋户型']
arr1=arr.iloc[:,0]
Y=arr1.tolist()
X1=[]                                           #去掉重复元素
for item in X:
    if  item not in X1:
        X1.append(item)
plt.bar(X1,Y,0.6,color='g')
plt.xlabel('房屋户型',fontsize=8)
plt.ylabel('数量',fontsize=10)
plt.title('房屋户型数据分析',fontsize=12)
plt.legend()
plt.xticks(rotation=90)
plt.show()
```

程序的运行结果如图 2.1.3 所示。

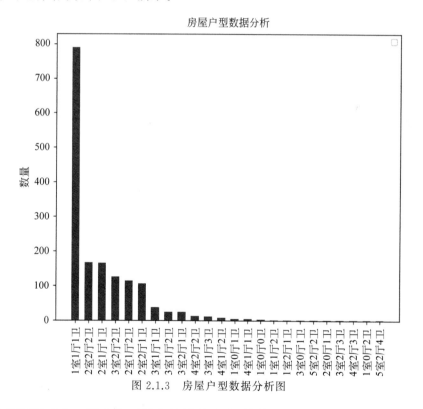

图 2.1.3　房屋户型数据分析图

从该图可以看出一居室和两居室的数量最多,符合大多数家庭的基本需求,并且很多房屋户型只有一套房,独特户型偏多。

实训 1.5　显示数量靠前的 10 种房屋户型,并且查看 5 室 2 厅 4 卫户型的房屋的基本信息。

程序代码如下:

```
import pandas as pd
import os
os.chdir('D:/Data_mining_sx/part1')
data=pd.read_csv('deal_data.csv',encoding='gb18030')
need_data=data[['区/县','区域','小区','总价','单价','房屋户型','楼层','总面积',
'小区均价','朝向','建筑结构','装修情况','是否满五','是否有房本']]
arr=need_data.groupby('房屋户型',as_index=False).agg(数量=('区域','count')).\
sort_values(by='数量',ascending=False)
X=need_data['房屋户型']
arr1=arr.iloc[:,0]
Y=arr1.tolist()
X1=[]                                              #去掉重复元素
print()
for item in X:
    if  item not in X1:
        X1.append(item)
for i in range(0,10):
    print(X1[i],'数量为:',Y[i])
print('\n5室2厅4卫户型基本信息:\n',need_data[need_data.房屋户型=='5室2厅4
卫'])
```

程序的运行结果如图2.1.4所示。

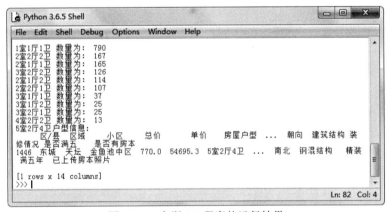

图2.1.4 实训1.5程序的运行结果

从该图可以看出5室2厅4卫房源位于东城天坛地区,单价5.5万元左右,对比周边均价,其价格不算太高。

3. 总价最低和最高的房源信息

实训1.6 提取总价最低和最高的房源信息。

程序代码如下:

```
import pandas as pd
import os
os.chdir('D:/Data_mining_sx/part1')
data=pd.read_csv('deal_data.csv',encoding='gb18030')
need_data=data[['区/县','区域','小区','总价','单价','房屋户型','楼层','总面积',
```

```
'小区均价','朝向','建筑结构','装修情况','是否满五','是否有房本']]
arr=need_data.groupby('房屋户型',as_index=False).agg(数量=('区域','count')).
sort_values(by='数量',ascending=False)
#北京市二手房总价最大、最小值及其房源信息
total_price_min=need_data['总价'].min()
total_price_min_room_info=need_data[need_data.总价==total_price_min]
print('\n二手房总价最低价位为:\n{}'.format(total_price_min))
print('二手房总价最低的房源信息为:\n{}'.format(total_price_min_room_info))
total_price_max=need_data['总价'].max()
total_price_max_room_info=need_data[need_data.总价==total_price_max]
print('二手房总价最高价位为:\n{}'.format(total_price_max))
print('二手房总价最高的房源信息为:\n{}'.format(total_price_max_room_info))
```

程序的运行结果如图 2.1.5 所示。

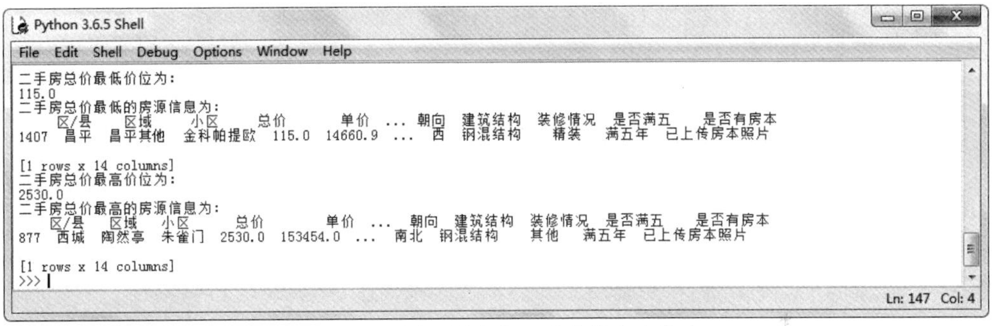

图 2.1.5 最低、最高价二手房的基本信息

4. 房屋总价和总面积的关系分析

下面分析房屋总价和总面积的关系,使用散点图进行展示。

实训 1.7 房屋总价和总面积的关系分析。

程序代码如下:

```
import pandas as pd
import matplotlib.pyplot as plt
import os
os.chdir('D:/Data_mining_sx/part1')
data=pd.read_csv('deal_data.csv',encoding='gb18030')
need_data=data[['区/县','区域','小区','总价','单价','房屋户型','楼层','总面积',
'小区均价','朝向','建筑结构','装修情况','是否满五','是否有房本']]
home_area=need_data['总面积'].apply(lambda x:float(x))
total_price=need_data['总价']
plt.rcParams['font.sans-serif']=['SimHei']
plt.rcParams['axes.unicode_minus']=False
plt.scatter(home_area,total_price,s=3)
plt.title('房屋总价和总面积的关系分析',fontsize=12)
plt.xlabel('房屋面积',fontsize=12)
plt.ylabel('房屋总价',fontsize=12)
plt.grid(linestyle=":",color="r")
plt.show()
```

程序的运行结果如图 2.1.6 所示。

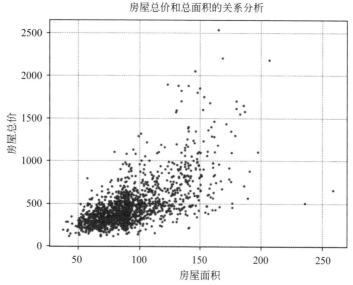

图 2.1.6　房屋总价和总面积的关系分析

从该图可以看出房屋价格随着房屋面积的增大而增长，大面积、高房价的房源稀少。

实训 1.8　提取房屋面积最大、价格较低的房源信息。

程序代码如下：

```
import pandas as pd
import matplotlib.pyplot as plt
import os
os.chdir('D:/Data_mining_sx/part1')
data=pd.read_csv('deal_data.csv',encoding='gb18030')
need_data=data[['区/县','区域','小区','总价','单价','房屋户型','楼层','总面积',
'小区均价','朝向','建筑结构','装修情况','是否满五','是否有房本']]
home_area=need_data['总面积'].apply(lambda x:float(x))
area_max=home_area.max()
area_max_room_info=need_data[home_area==area_max]
print('\n二手房面积最大、价格较低的房源信息为:\n{}'.format(area_max_room_info))
```

程序的运行结果如图 2.1.7 所示。

图 2.1.7　实训 1.8 程序的运行结果

从该图可以看出该房源位于天通苑，总面积较大，单价低于同小区均价。

5. 小区均价

实训 1.9　展示小区均价最高和最低的房屋情况。

程序代码如下：

```
import pandas as pd
import os
os.chdir('D:/Data_mining_sx/part1')
data=pd.read_csv('deal_data.csv')
need_data=data[['区/县','区域','小区','总价','单价','房屋户型','楼层','总面积',
'小区均价','朝向','建筑结构','装修情况','是否满五','是否有房本']]
avg_min=need_data[['小区均价']].min()
avg_min=float(avg_min)
print('\n均价最低的小区房屋信息:\n',need_data[need_data['小区均价']==avg_min])
avg_max=need_data[['小区均价']].max()
avg_max=float(avg_max)
print('\n均价最高的小区房屋信息:\n',need_data[need_data['小区均价']==avg_max])
```

程序的运行结果如图 2.1.8 所示。

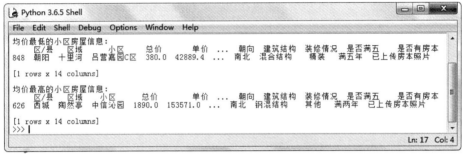

图 2.1.8　实训 1.9 程序的运行结果

四、相关性分析

实训 1.10　数据相关性分析。

程序代码如下：

```
import csv
import pandas as pd
import os
os.chdir('D:/Data_mining_sx/part1')                #改变当前路径
df=pd.read_csv(r"deal_data.csv")
df1=df[['总价','总面积','小区均价','单价']]
print('\n',df1.corr(method='pearson'))
```

程序的运行结果如图 2.1.9 所示。

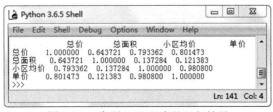

图 2.1.9　实训 1.10 程序的运行结果

相关系数显示,单价和小区均价之间存在着显著的线性正相关(r=0.9808),单价和总价之间存在着较明显的正相关(r=0.801473),总面积和总价也存在着明显的正相关(r=0.643721),总面积和小区均价之间存在着弱正相关(r=0.137248),总面积和单价之间存在着弱相关(r=0.121383)。

实训 1.11 使用输入法筛选自变量,进行无交互效应模型验证。

程序代码如下：

```
import csv
import pandas as pd
import statsmodels.api as sm
import os
os.chdir('D:/Data_mining_sx/part1')        #改变当前路径
df=pd.read_csv(r"deal_data.csv")
x_step=df[['总面积','小区均价','单价']]    #确定自变量数据
y_step=df.总价                              #确定因变量数据
X_step=sm.add_constant(x_step)             #加上一列全为1的数据,使得模型矩阵中包含截距
model_step=sm.OLS(y_step,X_step).fit()
print('\n',model_step.summary())
```

程序的运行结果如图 2.1.10 所示。

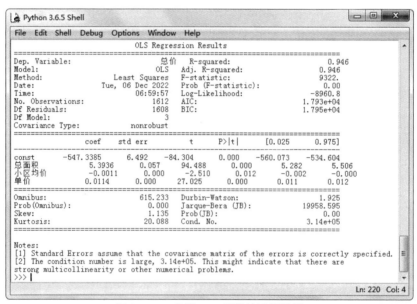

图 2.1.10　实训 1.11 程序的运行结果

该程序中的自变量"总面积"、"小区均价"和"单价"均通过显著性检验(P 分别为 0.000、0.012、0.000,均小于 0.05),可以进行回归分析。

实训 1.12 获得"单价"和"小区均价"两个自变量的回归模型。

程序代码如下：

```
import csv
import pandas as pd
```

```
import numpy as np
from sklearn.preprocessing import StandardScaler
import statsmodels.api as sm
import os
os.chdir('D:/Data_mining_sx/part1')              #改变当前路径
df=pd.read_csv(r"deal_data.csv")
x_end_variables=['单价','小区均价']                #确定最终进入模型的自变量的名称
x_end=df[x_end_variables]                        #确定最终进入模型的自变量数据
y_end=df['总价']                                  #确定最终进入模型的因变量数据
scaler=StandardScaler()                          #建模:创建数据标准化模型
x_end_std=scaler.fit_transform(x_end)
y_end_std=scaler.fit_transform(np.array(y_end).reshape(-1,1))   #标准化 y
X_end=sm.add_constant(x_end)                     #加上一列全为1的数据,使得模型矩阵中包含截距
X_end_std=sm.add_constant(x_end_std)
                                                 #加上一列全为1的数据,使得模型矩阵中包含截距
model_end=sm.OLS(y_end,X_end).fit()
model_end_std=sm.OLS(y_end_std,X_end_std).fit()
print('\n',model_end.summary())                  #非标准化回归模型摘要
```

程序的运行结果如图 2.1.11 所示,得到"单价"和"小区均价"自变量的回归模型。

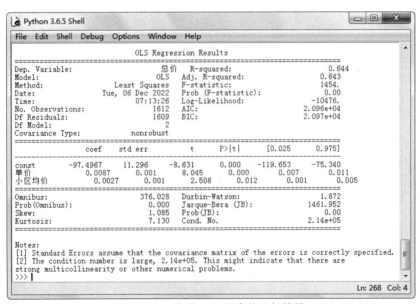

图 2.1.11　实训 1.12 程序的运行结果

实训 1.13　"单价"和"小区均价"自变量的线性回归展示。

程序代码如下:

```
import csv
import pandas as pd
import numpy as np
from sklearn.linear_model import LinearRegression
import matplotlib.pyplot as plt
import os
```

```python
os.chdir('D:/Data_mining_sx/part1')        #改变当前路径
df=pd.read_csv(r"deal_data.csv")
X1=df[['单价']][0]
X=[]
for i in range(len(X1)):
    X.append(float(X1[i]))
Y1=df[['小区均价']][0]
Y=[]
for i in range(len(Y1)):
    Y.append(float(Y1[i]))
X_train=np.array(X).reshape((len(X),1))
Y_train=np.array(Y).reshape((len(Y),1))
lineModel=LinearRegression()
lineModel.fit(X_train,Y_train)
Y_predict=lineModel.predict(X_train)
a1=lineModel.coef_
b=lineModel.intercept_
print("y={0} * x+{1}".format(a1,b))
print("得分",lineModel.score(X_train,Y_train))
plt.scatter(X,Y,c="blue")
plt.plot(X_train,Y_predict,c="red")
plt.show()
```

程序的运行结果如图 2.1.12 所示。

(a) 线性轴线表示及评分

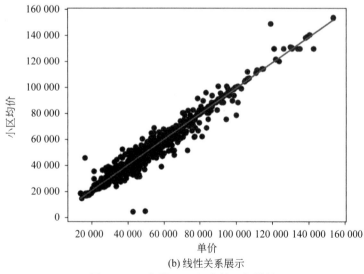

(b) 线性关系展示

图 2.1.12　实训 1.13 程序的运行结果

同样可以讨论单价和总价之间、总面积和总价之间的线性关系。

五、房屋类别分析

实训 1.14　使用肘部方法确定类别数。

程序代码如下：

```
import pandas as pd
import numpy as np
import matplotlib.pyplot as plt
from sklearn.cluster import KMeans
import os
os.chdir('D:/Data_mining_sx/part1')
data=pd.read_csv('deal_data.csv',encoding='gb18030')
need_data=data[['区/县','区域','小区','总价','单价','房屋户型','楼层','总面积',
'小区均价','朝向','建筑结构','装修情况','是否满五','是否有房本']]
home_area=need_data['总面积'].apply(lambda x:float(x))
total_price=need_data['总价']
X=[]
for i in range(len(home_area)):
    X.append([home_area[i],total_price[i]])
featureList=['总面积','总价']                    #创建一个特征列表
mdl=pd.DataFrame.from_records(X,columns=featureList)
                                            #把 X 中的数据放入,列的名称为 featureList
#使用 SSE 选择 k
SSE=[]                                      #存放每次结果的误差平方和
for k in range(1,8):                        #尝试要聚类成的类数
    estimator=KMeans(n_clusters=k)          #构造聚类器
    estimator.fit(np.array(mdl[['总面积','总价']]))
    SSE.append(estimator.inertia_)
X=range(1,8)                                #需要和 k 值一样
plt.xlabel('k')
plt.ylabel('SSE')
plt.plot(X,SSE,'o-')
plt.show()
```

程序的运行结果如图 2.1.13 所示。

从该图可以看出,根据总面积和总价,这些房屋可以分为两类或 3 类。

实训 1.15　将总面积和总价作为主成分,把房屋分成 3 个类别。

程序代码如下：

```
import pandas as pd
import matplotlib.pyplot as plt
from sklearn.cluster import KMeans
import os
os.chdir('D:/Data_mining_sx/part1')
data=pd.read_csv('deal_data.csv',encoding='gb18030')
need_data=data[['区/县','区域','小区','总价','单价','房屋户型','楼层','总面积',
'小区均价','朝向','建筑结构','装修情况','是否满五','是否有房本']]
```

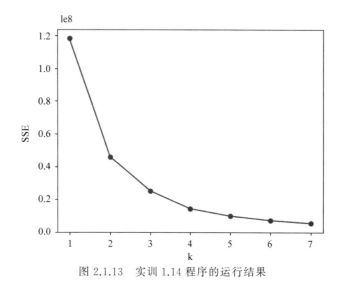

图 2.1.13　实训 1.14 程序的运行结果

```
home_area=need_data['总面积'].apply(lambda x:float(x))
total_price=need_data['总价']
X=[]
for i in range(len(home_area)):
    X.append([home_area[i],total_price[i]])
k=KMeans(n_clusters=3,random_state=0).fit(X)
t=k.cluster_centers_                          #获取数据中心点
plt.scatter(home_area,total_price,s=4)
plt.plot(t[:,0],t[:,1],'r*',markersize=16)    #用五角星标记显示这3个中心点
plt.title('KMeans Clustering')
plt.box(False)
plt.xticks([])                                #去掉坐标轴的标记
plt.yticks([])
plt.show()
```

程序的运行结果如图 2.1.14 所示。

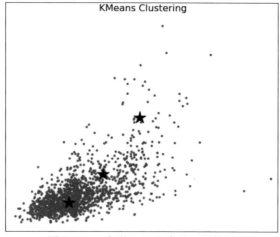

图 2.1.14　实训 1.15 程序的运行结果

从该图可以看出 3 个聚类中心。

实训 1.16 房屋建成时间和总价的数据分析。

程序代码如下：

```
import pandas as pd
import matplotlib.pyplot as plt
import os
os.chdir('D:/Data_mining_sx/part1')
data=pd.read_csv('deal_data.csv',encoding='gb18030')
need_data=data[['区/县','区域','小区','总价','单价','房屋户型','楼层','总面积',
'小区均价','朝向','建筑结构','装修情况','是否满五','是否有房本','小区建成']]
#将小区建成时间转换成日期并仅提取其中的年份
built_year=[]
total_price=[]
for i in range(len(need_data['小区建成'])):
    if '建成' in (need_data['小区建成'][i]):
        x=need_data['小区建成'][i]
        built_year.append(float(x[0:4]))
        total_price.append(need_data['总价'][i])
plt.rcParams['font.sans-serif']=['SimHei']
plt.rcParams['axes.unicode_minus']=False
plt.scatter(built_year,total_price,s=6)
plt.title('北京市二手房小区建成年份与均价分布信息!',fontsize=15)
plt.xlabel('小区建成年份',fontsize=12)
plt.ylabel('房屋均价',fontsize=12)
plt.grid(linestyle=":",color="r")
plt.xticks(rotation=0)
plt.show()
```

程序的运行结果如图 2.1.15 所示。

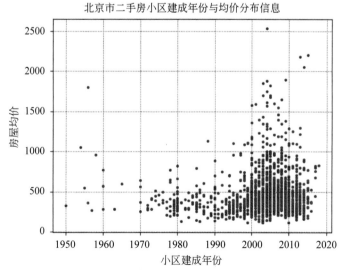

图 2.1.15 实训 1.16 程序的运行结果

从该图可以看出小区建成的时间越晚,价格越高,那些建成时间较早但是价格较高的房屋一般位于市中心或者属于地段比较好的学区房。

六、总结

朝阳、昌平、丰台的二手房房源数量较多,平谷、亦庄开发区、门头沟的房源较少,说明接近市中心、交通方便的房源数量较多,离市中心较远的房源数量较少。

西城、东城、海淀的房屋均价较高,房山、平谷、门头沟的房屋均价较低。东城、西城为北京市中心,而海淀为教育资源丰富、拥有较多学区房的地区,所以价格较高,平谷、房山等离市区较远,所以价格相对较低。

一居室和两居室的数量最多,符合大多数家庭的基本需求。房屋价格随着房屋面积的增大而增长,大面积、高房价的房源较稀少。

相关系数显示,单价和小区均价之间存在着显著的线性正相关($r=0.9808$),单价和总价之间存在着较明显的正相关($r=0.801473$)。单价和总价之间、总面积和总价之间也存在着线性关系。

另外可以看出,小区建成的时间越晚,价格越高,建造时间较早但是价格较高的房屋一般位于市中心或者属于比较好的学区房。

实训二

超市商品销售数据分析

随着我国经济的高速发展,人们生活水平的不断提高,在社会中超市的普及范围越来越广,极大地方便了人们的生活和工作,同时快速地促进了我国社会经济的发展。尤其是近年来,各类大型超市在城市中所占的比例越来越高,其中不乏国外的一些大型超市企业入驻我国。也正因如此,目前我国超市行业的竞争程度日益激烈,各超市的利润空间在不断减小。为了能在激烈的社会竞争环境下获得更好的发展,寻求新的突破,超市的运营模式从商品的采购到运输、管理、营销、服务等方面都进行了创新和完善,同时期望从销售数据方面发现一些有用的信息,利用这些信息来提高超市的销量。

一、课题研究背景和意义

由于超市所面对的竞争环境越来越严峻,很多超市的管理人员和决策人员逐渐认识到在信息时代超市要想获得更好的发展空间,使用数据库提供数据支持是一项必不可少的手段,尤其是近年来商品条形码技术、收银 POS 系统等在超市中广泛运用,为超市企业积累了大量的销售以及库存等方面的数据,这为超市的数据分析提供了很庞大的数据资源。以往超市很少对这些数据资源进行完整的分析和应用,使得超市在进货选择的类型、数量、厂家等方面都有一定的盲目性,同时对顾客的购买行为、购买趋势以及客户的关系没有进行透彻的分析和研究,导致这些方面都缺乏较为科学的数据支持,这对提高超市核心竞争力和超市以后的发展极为不利。当人们逐渐认识到数据支持对于超市发展的作用和意义时,他们也认识到在 21 世纪的信息时代,要想在如此激烈的竞争中占据有利的地位,获得最大的利润,必须要充分利用好网络技术、计算机信息技术、数据技术等,更深层次地挖掘和分析以往的所有数据以及相关数据的关系,从中提取对超市发展有利的核心决策数据,再根据决策数据制定出相应的决策,最终使超市获得可持续发展的优势。

二、数据源及数据理解

数据源存储在"D:/data_mining_sx/part2"下的 CDNOW_master.txt 文件中,这是一

个简单的销售数据集,只包含用户编号、购买日期、购买产品数量、订单消费金额 4 个字段。

实训 2.1 数据集的展示。

程序代码如下:

```
import pandas as pd
import os
os.chdir('D:/Data_mining_sx/part2')            #改变当前路径
columns=['用户编号','购买日期','购买产品数量','订单消费金额']
df=pd.read_table('CDNOW_master.txt',names=columns,sep='\s+')
print(df)
```

程序的运行结果如图 2.2.1 所示。

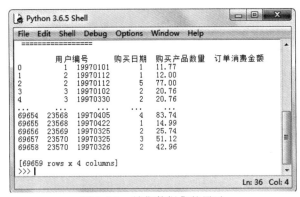

图 2.2.1　销售数据集的展示

实训 2.2 查看数据类型信息。

程序代码如下:

```
import pandas as pd
import os
os.chdir('D:/Data_mining_sx/part2')
columns=['用户编号','购买日期','购买产品数量','订单消费金额']
df=pd.read_table('CDNOW_master.txt',names=columns,sep='\s+')
print('\n',df.head())
print(df.info())
```

程序的运行结果如图 2.2.2 所示。

查看数据类型信息,观察数据是否被正确识别,可以看出购买日期被识别为整数类型了。

三、数据清洗

销售数据集较简单,这里将购买日期转换为日期时间类型。

实训 2.3 将购买日期转换为日期时间类型。

程序代码如下:

图 2.2.2 查看数据类型信息

```
import pandas as pd
import os
os.chdir('D:/Data_mining_sx/part2')
columns=['用户编号','购买日期','购买产品数量','订单消费金额']
df=pd.read_table('CDNOW_master.txt',names=columns,sep='\s+')
df.购买日期=pd.to_datetime(df.购买日期,format='%Y%m%d')
print(df.info())
```

程序的运行结果如图 2.2.3 所示。

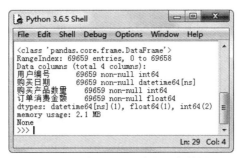

图 2.2.3 实训 2.3 程序的运行结果

从该图可以看出已经把购买日期字段的整数类型修改成日期时间类型。

四、客户月消费趋势分析

可以利用月消费额对客户进行分类。

实训 2.4 新增一个月份字段,将数据写入"D:/Data_mining_sx/part2"下的 Supermarket_sales.xlsx 文件中。

程序代码如下:

```
import pandas as pd
from datetime import datetime
import os
os.chdir('D:/Data_mining_sx/part2')
columns=['用户编号','购买日期','购买产品数量','订单消费金额']
```

```
df=pd.read_table('CDNOW_master.txt',names=columns,sep='\s+')
yy=df.购买日期.values
yy_date=[]
for i in range(len(yy)):
    yy_str=str(yy[i])
    yy_dt=yy_str[0:6]
    yy_date.append(yy_dt)
df['月份']=yy_date
file='Supermarket_sales.xlsx'
df.to_excel(file)
```

实训 2.5 获得"D:/Data_mining_sx/part2"文件夹下 Supermarket_sales.xlsx 文件中的数据,展示前 10 行。

程序代码如下:

```
import pandas as pd
import os
os.chdir('D:/Data_mining_sx/part2')
file='Supermarket_sales.xlsx'
df=pd.read_excel(file)
print('\n 获得 Excel 文件数据:\n',df.head(10))
```

程序的运行结果如图 2.2.4 所示。

图 2.2.4 实训 2.5 程序的运行结果

可以看到前 10 行数据,并且月份后面的日期都变成了 1 号。

实训 2.6 汇总每月消费的总金额。

程序代码如下:

```
import pandas as pd
import os
os.chdir('D:/Data_mining_sx/part2')
file='Supermarket_sales.xlsx'
df=pd.read_excel(file)
grouped_month=df.groupby('月份')
order_amount_month=grouped_month.订单消费金额.sum()
print('\n',order_amount_month)
```

程序的运行结果如图 2.2.5 所示。

图 2.2.5　实训 2.6 程序的运行结果

从该图可以看到每月消费的总金额。

实训 2.7　月消费总金额的可视化。

程序代码如下：

```
import pandas as pd
import matplotlib.pyplot as plt
import os
os.chdir('D:/Data_mining_sx/part2')
file='Supermarket_sales.xlsx'
df=pd.read_excel(file)
grouped_month=df.groupby('月份')
order_amount_month=grouped_month.订单消费金额.sum()
plt.rcParams['font.sans-serif']=['SimHei']
plt.rcParams['axes.unicode_minus']=False
month=df.groupby(df['月份'],as_index=False).first()
X=month['月份']
X1=[]
for i in range(len(X)):
    X1.append(str(X[i]))
plt.plot(X1,order_amount_month,ls='-')
plt.xlabel('月份',fontsize=8)
plt.ylabel('月消费总金额',fontsize=8)
plt.title('每月消费总金额的可视化',fontsize=12)
plt.xticks(rotation=90)
plt.show()
```

程序的运行结果如图 2.2.6 所示。

从该图可以看出消费金额在前 3 个月达到最高峰，之后急剧下降，1997 年 4 月之后每月的消费金额比较平稳，有轻微下降趋势。

五、每月某些指标的可视化

对月订单总数、月购买产品数、月消费人数进行可视化展示。

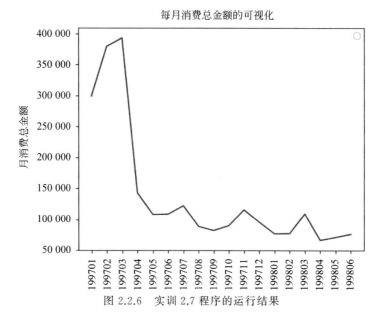

图 2.2.6 实训 2.7 程序的运行结果

实训 2.8 每月某些指标的可视化。

程序代码如下:

```
import pandas as pd
import matplotlib.pyplot as plt
import os
os.chdir('D:/Data_mining_sx/part2')
file='Supermarket_sales.xlsx'
df=pd.read_excel(file)
grouped_month=df.groupby('月份')
Y1=grouped_month.用户编号.count()
Y2=grouped_month.购买产品数量.sum()
Y3=grouped_month.用户编号.nunique()
plt.rcParams['font.sans-serif']=['SimHei']
plt.rcParams['axes.unicode_minus']=False
month=df.groupby(df['月份'],as_index=False).first()
X=month['月份']
X1=[]
for i in range(len(X)):
    X1.append(str(X[i]))
plt.plot(X1,Y1,ls='-',lw=2,label="月订单总数")
plt.plot(X1,Y2,ls='-',lw=2,label="月购买产品数")
plt.plot(X1,Y3,ls='-',lw=2,label="月消费人数")
plt.title('每月某些指标的可视化',fontsize=12)
plt.legend()
plt.xticks(rotation=90)
plt.show()
```

程序的运行结果如图 2.2.7 所示。

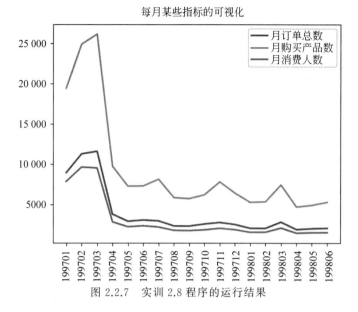

图 2.2.7 实训 2.8 程序的运行结果

从该图可以看出月订单总数、月购买产品数、月消费人数和月消费金额的趋势基本上一样。

六、客户个体消费分析

实训 2.9 每位客户购买的产品数量和消费金额汇总。

程序代码如下：

```
import pandas as pd
import os
os.chdir('D:/Data_mining_sx/part2')
file='Supermarket_sales.xlsx'
df=pd.read_excel(file)
grouped_user=df.groupby('用户编号')
Y1=grouped_user.sum().describe()['购买产品数量']
Y2=grouped_user.sum().describe()['订单消费金额']
print('\n 客户购买产品数量和消费金额统计:\n',Y1,Y2)
```

程序的运行结果如图 2.2.8 所示。

实训 2.10 绘制每位客户的消费金额和购买数量的散点图。

程序代码如下：

```
import pandas as pd
import matplotlib.pyplot as plt
import os
os.chdir('D:/Data_mining_sx/part2')
file='Supermarket_sales.xlsx'
df=pd.read_excel(file)
X=df.groupby(by='用户编号')['购买产品数量'].sum()
```

图 2.2.8　实训 2.9 程序的运行结果

```
Y=df.groupby(by='用户编号')['订单消费金额'].sum()
plt.scatter(X,Y,s=15,c='b',marker='o')
plt.rcParams['font.sans-serif']=['SimHei']
plt.rcParams['axes.unicode_minus']=False
plt.xlabel('购买数量(1000以内)',fontsize=10)
plt.ylabel('消费金额',fontsize=10)
plt.title('每位客户的消费金额和购买数量的散点图',fontsize=12)
plt.show()
```

程序的运行结果如图 2.2.9 所示。

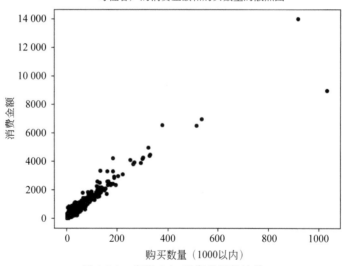

图 2.2.9　实训 2.10 程序的运行结果

从该图可以看出每位客户的消费金额和购买数量呈线性关系。

实训 2.11　绘制每位客户购买产品数量在 1000 以内的直方分布图。

程序代码如下：

```
import pandas as pd
```

```
import matplotlib.pyplot as plt
import os
os.chdir('D:/Data_mining_sx/part2')
file='Supermarket_sales.xlsx'
df=pd.read_excel(file)
X=df.query('购买产品数量<=1000').groupby(by='用户编号')['购买产品数量'].sum()
plt.rcParams['font.sans-serif']=['SimHei']
plt.rcParams['axes.unicode_minus']=False
plt.hist(X,bins=20)
plt.xlabel('产品数量',fontsize=10)
plt.ylabel('消费金额',fontsize=10)
plt.show()
```

程序的运行结果如图2.2.10所示。

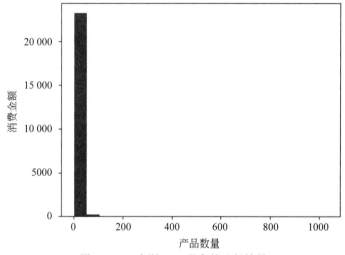

图2.2.10 实训2.11程序的运行结果

从该图可以看出客户购买的产品的数量大部分在100以内。

实训2.12 绘制每位客户购买产品总数在800以内的直方分布图。

程序代码如下：

```
import pandas as pd
import matplotlib.pyplot as plt
import os
os.chdir('D:/Data_mining_sx/part2')
file='Supermarket_sales.xlsx'
df=pd.read_excel(file)
grouped_user=df.groupby('用户编号')
X=grouped_user.sum().query("订单消费金额<800")['订单消费金额']
plt.rcParams['font.sans-serif']=['SimHei']
plt.rcParams['axes.unicode_minus']=False
plt.hist(X,bins=20)
plt.xlabel('订单数量(800以内)',fontsize=10)
plt.ylabel('消费金额',fontsize=10)
```

```
plt.show()
```

程序的运行结果如图 2.2.11 所示。

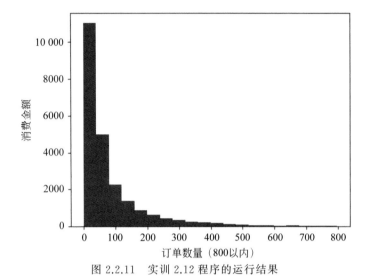

图 2.2.11　实训 2.12 程序的运行结果

七、线性相关模型分析

实训 2.13　订单数量与消费金额线性回归问题的参数的计算。

程序代码如下：

```
from sklearn import linear_model
import numpy as np
import pandas as pd
import os
os.chdir('D:/Data_mining_sx/part2')
file='Supermarket_sales.xlsx'
df=pd.read_excel(file)
x=df["购买产品数量"]
y=df["订单消费金额"]
x=np.array(x).reshape(-1,1)
y=np.array(y).reshape(-1,1)
model=linear_model.LinearRegression()
model.fit(x,y)
print('\n线性模型中的b值为:',model.intercept_)
print('feature权重向量值为:',model.coef_)
```

程序的运行结果如图 2.2.12 所示。

图 2.2.12　实训 2.13 程序的运行结果

求出订单数量与消费金额线性回归问题的参数。

实训 2.14 展示购买产品数量与消费金额之间的线性关系。

程序代码如下：

```
y=df["订单消费金额"]
import os
import numpy as np
import pandas as pd
from sklearn.model_selection import train_test_split
from sklearn.linear_model import LinearRegression
import matplotlib.pyplot as plt
os.chdir('D:/Data_mining_sx/part2')
file='Supermarket_sales.xlsx'
df=pd.read_excel(file)
x=df["购买产品数量"]
y=df["订单消费金额"]
x=np.array(x).reshape(-1,1)
y=np.array(y).reshape(-1,1)
train_x,test_x,train_y,test_y=train_test_split(x,y,test_size=0.3,random_state=2)
lr=LinearRegression()
lr.fit(train_x,train_y)
result=lr.predict(test_x)
plt.rcParams['font.sans-serif']=['SimHei']
plt.rcParams['axes.unicode_minus']=False
plt.scatter(train_x,train_y,color='blue')
plt.plot(test_x,result,color='red')
plt.xlabel('产品数量',fontsize=10)
plt.ylabel('消费金额',fontsize=10)
plt.show()
```

程序的运行结果如图 2.2.13 所示。

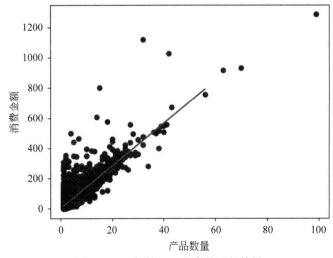

图 2.2.13 实训 2.14 程序的运行结果

实训 2.15 展示购买产品数量与消费金额的线性关系及误差。

程序代码如下：

```
import os
import numpy as np
import pandas as pd
from sklearn import linear_model
import matplotlib.pyplot as plt
os.chdir('D:/Data_mining_sx/part2')
file='Supermarket_sales.xlsx'
df=pd.read_excel(file)
xtrain=df["购买产品数量"]
ytrain=df["订单消费金额"]
model=linear_model.LinearRegression()
model.fit(xtrain[:,np.newaxis],ytrain)
xtest=np.linspace(0,10,1000)                    #创建测试数据并进行拟合
ytest=model.predict(xtest[:,np.newaxis])
plt.plot(xtest,ytest,color='r',linestyle='--')  #拟合直线
plt.scatter(xtrain,ytrain,marker='.',color='k') #样本数据散点图
ytest2=model.predict(xtrain[:,np.newaxis])      #样本数据x在拟合直线上的y值
plt.scatter(xtrain,ytest2,marker='x',color='g') #ytest2的散点图
plt.plot([xtrain,xtrain],[ytrain,ytest2],color='gray')  #误差线
plt.rcParams['font.sans-serif']=['SimHei']
plt.rcParams['axes.unicode_minus']=False
plt.grid()
plt.title('误差展示',fontsize=10)                #误差
plt.xlabel('产品数量',fontsize=8)
plt.ylabel('消费金额',fontsize=8)
plt.show()
```

程序的运行结果如图 2.2.14 所示。

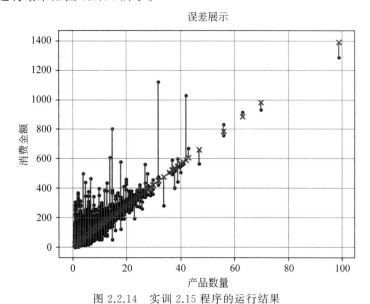

图 2.2.14 实训 2.15 程序的运行结果

实训 2.16 模型评价及预测。

程序代码如下：

```
import os
import numpy as np
import pandas as pd
#from sklearn import linear_model
from sklearn.linear_model import LinearRegression
import matplotlib.pyplot as plt
from sklearn import metrics
os.chdir('D:/Data_mining_sx/part2')
file='Supermarket_sales.xlsx'
df=pd.read_excel(file)
xtrain=df["购买产品数量"]
ytrain=df["订单消费金额"]
model=LinearRegression()
model.fit(xtrain[:,np.newaxis],ytrain)
#多元回归拟合
ytest=model.predict(xtrain[:,np.newaxis])         #求出预测数据
mse=metrics.mean_squared_error(ytrain,ytest)      #求出均方差
rmse=np.sqrt(mse)                                 #求出均方根
ssr=((ytest-ytrain.mean())**2).sum()              #求出预测数据与原始数据均值之差的平方和
sst=((ytrain-ytrain.mean())**2).sum()             #求出原始数据和均值之差的平方和
rsq=ssr/sst                                       #求出确定系数
print('\n 预测数据与原始数据均值之差的平方和为:',rsq)
rsq2=model.score(xtrain[:,np.newaxis],ytrain)
                                                  #用两种方法所求出的 r-square 值一样
print('LinearRegression 模型预测系数为:',rsq2)
print('-------------------------------------')
b=int(input("请输入预测的购买数量:"))
a=model.predict([[b]])
print("预计该订单的成交金额为:",a)
```

程序的运行结果如图 2.2.15 所示。

图 2.2.15　实训 2.16 程序的运行结果

从该图可以看出模型的拟合度还是不错的。

八、总结

消费金额在前3个月达到最高峰,之后急剧下降,1997年4月之后每月的消费金额比较平稳,有轻微下降趋势。

月订单总数、月购买产品数、月消费人数和月消费金额的趋势基本上一样。

购买产品数量与消费金额之间呈线性关系,并获得了较好的模型拟合度。

实训二

银行营销数据分析

在信息化高速发展的时代背景下,各银行积累的客户数据、交易记录、管理数据等呈爆炸式增长,海量数据席卷而来,这样海量的数据给银行业带来压力的同时也同样带来了机遇。

一、课题研究背景和意义

信息未必一定通过数据来展现,但数据一定是信息的基础,海量数据意味着海量机遇和风险,可以通过多种方式为银行提供变革性的价值创造潜力。如何利用商业银行重要的数据资产来开展有效的数据分析和挖掘,从而促进管理并提升企业价值,是目前大多数商业银行所面临的重要挑战之一。

（1）用数据帮助决策。目前国内银行业的战略发展和经营管理决策多数依赖于决策者的经验。面对激烈的市场竞争,管理层迫切需要数据的决策和支持,以提高经营和决策的科学性。

（2）用数据提升管理的精细度。随着银行业务的转型及精细化管理的推进和深化,涉及资产、负债、客户、交易对手及业务过程中产生的各种数据资产,在风险控制、成本核算、资本管理、绩效考核等方面发挥着重要的作用。数据资产直接决定了业务管理的精细化水平,也是银行开展业务多元化、多方面分析的基础。"数据—信息—商业智能"将逐步成为商业银行定量化、精细化管理的发展路线,为有效提升服务能力提供强大的支持。

银行可以利用其掌握的数据资源,在客户挖掘、交叉营销、产品创新等方面大有作为,在零散的、无序的、历史的、当前的各种数据背后发现独特的业务规律,锁定特定客户群,根据不同市场需求和不同客户群制订相应的市场战略与产品服务方案,根据客户需求的变化及时、主动地开展业务产品创新,在激烈的同业竞争中,通过充分利用数据取得先发优势,打造不可复制的核心竞争力。

二、数据源及数据理解

实训 3.1 存储在"D:/data_mining_sx/part3"文件夹下的银行数据集 bank_data.csv

结构的展示。

程序代码如下：

```
import pandas as pd
import os
os.chdir('D:/Data_mining_sx/part3')                #改变当前路径
data=pd.read_csv(r"bank_data.csv",sep=";")
print(data.head())
```

程序的运行结果如图 2.3.1 所示。

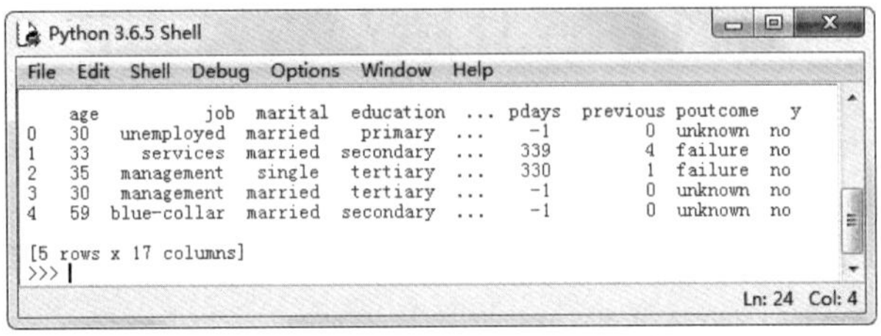
```
Python 3.6.5 Shell
File Edit Shell Debug Options Window Help
   age          job  marital  education  ... pdays  previous poutcome   y
0   30   unemployed  married    primary  ...    -1         0  unknown  no
1   33     services  married  secondary  ...   339         4  failure  no
2   35   management   single   tertiary  ...   330         1  failure  no
3   30   management  married   tertiary  ...    -1         0  unknown  no
4   59  blue-collar  married  secondary  ...    -1         0  unknown  no

[5 rows x 17 columns]
>>> |
Ln: 24 Col: 4
```

图 2.3.1　实训 3.1 程序的运行结果

实训 3.2　数据集信息的展示。

程序代码如下：

```
import pandas as pd
import os
os.chdir('D:/Data_mining_sx/part3')
data=pd.read_csv(r"bank_data.csv",sep=";")
print('\nbank_data.csv 数据集结构:')
print(data.info())
print('bank_data.csv 数据集信息:\n',data.describe())
```

程序的运行结果如图 2.3.2 所示。

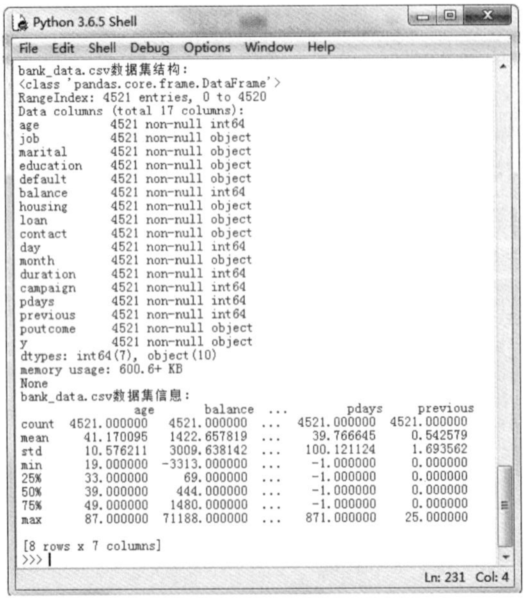
```
Python 3.6.5 Shell
File Edit Shell Debug Options Window Help
bank_data.csv数据集结构:
<class 'pandas.core.frame.DataFrame'>
RangeIndex: 4521 entries, 0 to 4520
Data columns (total 17 columns):
age          4521 non-null int64
job          4521 non-null object
marital      4521 non-null object
education    4521 non-null object
default      4521 non-null object
balance      4521 non-null int64
housing      4521 non-null object
loan         4521 non-null object
contact      4521 non-null object
day          4521 non-null int64
month        4521 non-null object
duration     4521 non-null int64
campaign     4521 non-null int64
pdays        4521 non-null int64
previous     4521 non-null int64
poutcome     4521 non-null object
y            4521 non-null object
dtypes: int64(7), object(10)
memory usage: 600.6+ KB
None
bank_data.csv数据集信息:
               age       balance  ...        pdays     previous
count  4521.000000   4521.000000  ...  4521.000000  4521.000000
mean     41.170095   1422.657819  ...    39.766645     0.542579
std      10.576211   3009.638142  ...   100.121124     1.693562
min      19.000000  -3313.000000  ...    -1.000000     0.000000
25%      33.000000     69.000000  ...    -1.000000     0.000000
50%      39.000000    444.000000  ...    -1.000000     0.000000
75%      49.000000   1480.000000  ...    -1.000000     0.000000
max      87.000000  71188.000000  ...   871.000000    25.000000

[8 rows x 7 columns]
>>> |
Ln: 231 Col: 4
```

图 2.3.2　实训 3.2 程序的运行结果

银行数据集 bank_data.csv 中各字段(列)的含义如表 2.3.1 所示。

表 2.3.1 银行数据集 bank_data.csv 中各字段(列)的含义

字段名	字段的含义	字段名	字段的含义
age	客户年龄	day	当月最后的联系日
job	客户工作类型	month	当年最后的联系月
martial	客户婚姻状况	duration	最后联系时长
education	客户文化水平	campaign	活动联系次数
default	客户信用	pdays	最后联系日距今天的天数
balance	年平均余额(元)	previous	以往贷款次数
housing	客户是否有房贷	poutcome	上次活动结果
loan	个人贷款	Y	客户是否订阅了银行产品
contact	联系方式		

了解一些数值类型的数据描述,包括计数、平均值,以及数据的索引、列名、空值和非空值计数等,可以更好地理解源数据,为后面的数据处理和数据可视化分析做好铺垫。

三、数据处理

经过数据预览发现源数据并没有出现空值,为工作减轻了负担,接下来对数据的重复值、异常值及一些不需要的数据进行处理。

实训 3.3 删除 previous、day、month 这 3 列不重要的数据,并删除年龄超过 120 岁(含 120 岁)的客户的记录和重复行(重复行保留第一行),然后写入"D:/Data_mining_sx/part3"文件夹下的 pure_bank_data.csv 文件。

程序代码如下:

```
import pandas as pd
import csv
import os
os.chdir('D:/Data_mining_sx/part3')
df=pd.read_csv(r"bank_data.csv",sep=";")
df.drop(columns=["day","month","previous"],inplace=True,axis=1)
df=df.drop_duplicates(keep='first')          #删除重复值,保留第一个
df.drop(df.index[(df["education"]=='education')],axis=0,inplace=True)
                                             #删除 education 的记录
df.drop(df.index[(df["loan"]=='loan')],axis=0,inplace=True)
                                             #删除 loan 的记录
df.drop(df.index[(df["housing"]=='housing')],axis=0,inplace=True)
                                             #删除 housing 的记录
df.drop(df.index[(df["age"]>=120)])          #删除年龄超过 120 岁的客户的记录
head_columns=[]
for i in range(len(df.columns)):
    head_columns.append(df.columns[i])
```

```
with open ('pure_bank_data.csv','a',newline='') as f:    #以追加方式打开或创建
    f_csv=csv.writer(f)
    f_csv.writerow(head_columns)                          #写入文件头
    for i in range(len(df)):                              #按行写入文件
        f_csv.writerow(df.iloc[i])
```

在数据清洗过程中,同时删除了 education 字段中值为'education'、loan 字段中值为'loan'、housing 字段中值为'housing'的记录,规范了数据集。

四、数据分析

实训 3.4 愿意订购银行产品客户占总客户的比例。

程序代码如下:

```
import pandas as pd
import csv
import os
os.chdir('D:/Data_mining_sx/part3')
df=pd.read_csv(r"pure_bank_data.csv",sep=",")
n=df['y'].value_counts()[0]                              #'no'的个数
m=df['y'].value_counts()[1]                              #'yes'的个数
yes_ratio=m/(m+n)
print("愿意订购银行产品客户占总数的{0}%".format(yes_ratio*100))
```

程序的运行结果如图 2.3.3 所示。

图 2.3.3　实训 3.4 程序的运行结果

从该图可以看到,大量客户并不愿意订购银行提供的产品,只有 11.5% 的客户愿意,这表明大多数人更喜欢第三方平台或其他的金融产品(如支付宝),后面将会更加深入地研究影响人们订阅银行产品的原因。

实训 3.5 订购银行提供产品的客户数量的可视化。

程序代码如下:

```
import pandas as pd
import matplotlib.pyplot as plt
import csv
import os
os.chdir('D:/Data_mining_sx/part3')
df=pd.read_csv(r"pure_bank_data.csv",sep=",")
y_pct=df['y'].value_counts() * 100/len(df)
plt.rcParams['font.family']='STSong'
plt.rcParams['font.size']=12
plt.title("订购银行提供产品的客户比率")
```

```
plt.pie(x=y_pct.values,autopct='%1.2f%%',labels=y_pct.index,shadow=True,
explode=(0.2,0))
plt.show()
```

程序的运行结果如图2.3.4所示。

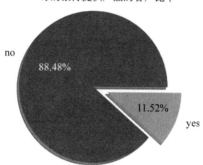

图2.3.4 实训3.5程序的运行结果

实训3.6 客户群体的年龄特征展示。

程序代码如下：

```
import pandas as pd
import matplotlib.pyplot as plt
import seaborn as sns
import csv
import os
os.chdir('D:/Data_mining_sx/part3')
df=pd.read_csv(r"pure_bank_data.csv",sep=",")
df2=df['age']
mean=df2.mean()
median=df2.median()
mode=df2.mode().values[0]
plt.figure(figsize=(10,6))
sns.histplot(data=df2,x=df2,kde=True)
plt.axvline(mean,color='r',linestyle='-',label="Mean")
                                                        #在坐标轴上添加一条垂直线
plt.axvline(median,color='g',linestyle='-',label="Median")
plt.axvline(mode,color='#B5838D',linestyle='-',label="Mode")
plt.xlabel('age',fontsize=12)
plt.legend()
plt.show()
```

程序的运行结果如图2.3.5所示。

从上面的数据分布图可以看出，客户年龄峰值出现在30～40岁，这个年龄段的人工作效率高或者更愿意参与银行的活动；其次客户主要分布在30～60岁，可以把业务集中放在30～60岁的客户。

实训3.7 客户群体的工作种类展示。

程序代码如下：

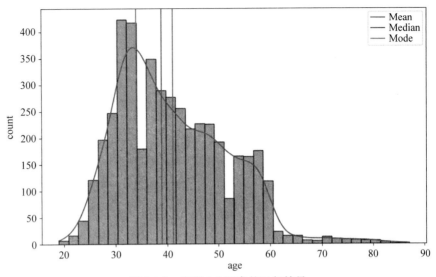

图 2.3.5　实训 3.6 程序的运行结果

```
import pandas as pd
import matplotlib.pyplot as plt
import seaborn as sns
import csv
import os
os.chdir('D:/Data_mining_sx/part3')
df=pd.read_csv(r"pure_bank_data.csv",sep=",")
print('\n客户职业类型人数统计:\n',df.job.value_counts())
job_pct=df.job.value_counts() * 100/len(df)
sns.barplot(x=df.job.value_counts().values,y=df['job'].value_counts().
index,palette="hls")
plt.show()
```

程序的运行结果如图 2.3.6 所示。

客户的工作类型和收入都会影响客户存款、贷款及订购银行产品的积极性。从该图可以看出，主要的客户是蓝领、管理者、技术人员、行政人员和服务类工作人员，他们占了 80% 以上。从工作性质上也可以看出，他们更加需要银行提供的产品，用于理财等。

实训 3.8　客户群体的受教育程度、个人贷款和房贷展示。

程序代码如下：

```
import pandas as pd
import matplotlib.pyplot as plt
import csv
import os
os.chdir('D:/Data_mining_sx/part3')
df=pd.read_csv(r"pure_bank_data.csv",sep=",")
edu_pct=df['education'].value_counts() * 100/len(df)
loan_pct=df['loan'].value_counts() * 100/len(df)
housing_pct=df['housing'].value_counts() * 100/len(df)
```

(a) 客户职业类型人数统计

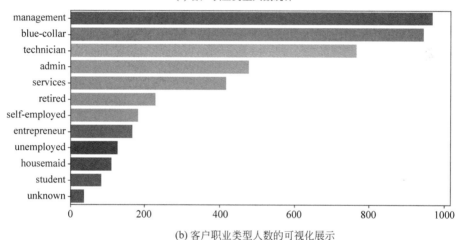

(b) 客户职业类型人数的可视化展示

图 2.3.6　实训 3.7 程序的运行结果

```
fig,axes=plt.subplots(nrows=1,ncols=3,figsize=(16,6))
axes[0].pie(x=edu_pct,autopct='%1.2f%%',shadow=True,explode=(0.06,0,0,0),
startangle=90,labels=edu_pct.index)
axes[0].set_title('Job Pie Chart',fontdict={'fontsize': 14,'color':'#41393E'})
axes[1].pie(x=loan_pct, autopct='%1.2f%%', shadow=True,explode=(0.08,0),
startangle=90,labels=loan_pct.index)
axes[1].set_title('Loan Pie Chart',fontdict={'fontsize': 14,'color':'#41393E'})
axes[2].pie(x=housing_pct,autopct='%1.2f%%',shadow=True,explode=(0.08,0),
startangle=90,labels=housing_pct.index)
axes[2].set_title('House loan Pie Chart',fontdict={'fontsize':14,'color':
'#41393E'})
plt.show()
```

程序的运行结果如图 2.3.7 所示。

不同受教育程度的客户,他们接受银行产品的效果完全不同,从该图可以看出,客户主要以接受过中等教育的人群为主,占比达到 50% 以上,其次是接受过高等教育的人群,占比将近 30%。从个人贷款方面来分析,没有个人贷款的人订购银行产品的占大多数,可以理解为有个人贷款的客户可能没有多余的钱来订购银行产品,因此可以把主要客户放在无个人贷款的群体上。从房贷方面来分析,有无房贷的人订购银行产品的数量相当,

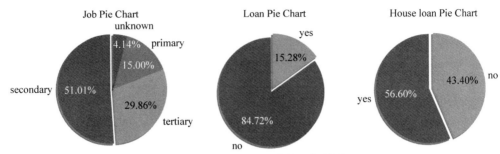

图 2.3.7　实训 3.8 程序的运行结果

因为买房也可以看作一种特殊的投资，所以有无房贷的人订购银行产品的差别不大。

实训 3.9　用户参加活动前的数据分析。

程序代码如下：

```
import pandas as pd
import matplotlib.pyplot as plt
import seaborn as sns
import csv
import os
os.chdir('D:/Data_mining_sx/part3')
df=pd.read_csv(r"pure_bank_data.csv",sep=",")
#数据概况——用户参加活动前情况
precome_pct=df.poutcome.value_counts() * 100/len(df)
fig,axes=plt.subplots(nrows=1,ncols=2,figsize=(16,6))
sns.countplot(x="poutcome",data=df,order=df.poutcome.value_counts().index,
ax=axes[0])
axes[1].pie(x=precome_pct,autopct='%1.1f%%',shadow=True,explode=(0.1,0,0,
0),startangle=90,labels=precome_pct.index)
plt.show()
```

程序的运行结果如图 2.3.8 所示。

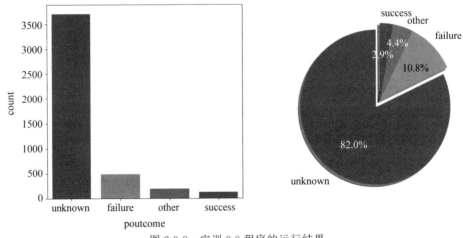

图 2.3.8　实训 3.9 程序的运行结果

从程序结果的饼图和柱状图数据可以看出，绝大部分客户在参加活动前是 unknown（未知），成功的人数最少，间接地说明了潜在客户的群体庞大。

实训 3.10 年余额分析。

程序代码如下：

```
import pandas as pd
import numpy as np
import matplotlib.pyplot as plt
import seaborn as sns
import csv
import os
os.chdir('D:/Data_mining_sx/part3')
df=pd.read_csv(r"pure_bank_data.csv",sep=",")
Q1,Q3=np.percentile(df.balance,[25,75])
IQR=Q3-Q1
print("Q1=",Q1,"Q3=",Q3,"IQR=",IQR)
#数据概况——存款信息
fig,axes=plt.subplots(nrows=1,ncols=2,figsize=(16,6))
sns.histplot(data=df,x='balance',kde=True,color='#B5838D',ax=axes[0])
sns.boxplot(x=df.balance,ax=axes[1])
plt.show()
```

程序的运行结果如图 2.3.9 所示。

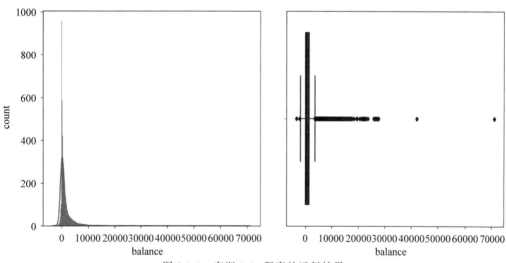

图 2.3.9　实训 3.10 程序的运行结果

存款业务是银行的主要业务之一，从该图可以看到客户的年余额峰值为 1000～2000元，有少部分人的年余额超过 10000 元，由此可见客户的贫富差距还是挺大的，大量财富掌握在少数人手中；还有极少部分人的年余额是负值，推断应该是信誉极差的用户。

实训 3.11 最后通话时长及活动联系次数分析。

程序代码如下：

```
import pandas as pd
```

```
import numpy as np
import matplotlib.pyplot as plt
import seaborn as sns
import csv
import os
os.chdir('D:/Data_mining_sx/part3')
df=pd.read_csv(r"pure_bank_data.csv",sep=",")
#数据概况——通话时长及活动联系次数
fig,axes=plt.subplots(nrows=1,ncols=2,figsize=(16,6))
#通话时长
mean_dura=df.duration.mean()
median_dura=df.duration.median()
mode_dura=df.duration.mode().values[0]
#联系次数
mean_camp=df.campaign.mean()
median_camp=df.campaign.median()
mode_camp=df.campaign.mode().values[0]
sns.histplot(data=df,x=df.duration,kde=True,ax=axes[0])
axes[0].set_title('Duration Times',fontdict={'fontsize': 14})
axes[0].axvline(mean_dura,color='r',linestyle='--',label="Mean")
axes[0].axvline(median_dura,color='g',linestyle='-',label="Median")
axes[0].axvline(mode_dura,color='#B5838D',linestyle='-',label="Mode")
axes[0].legend()
sns.histplot(data=df,x=df.campaign,kde=True,ax=axes[1])
axes[1].set_title('Campaign Times',fontdict={'fontsize':14})
axes[1].axvline(mean_camp,color='r',linestyle='--',label="Mean")
axes[1].axvline(median_camp,color='g',linestyle='-',label="Median")
axes[1].axvline(mode_camp,color='#B5838D',linestyle='-',label="Mode")
axes[1].legend()
plt.show()
```

程序的运行结果如图 2.3.10 所示。

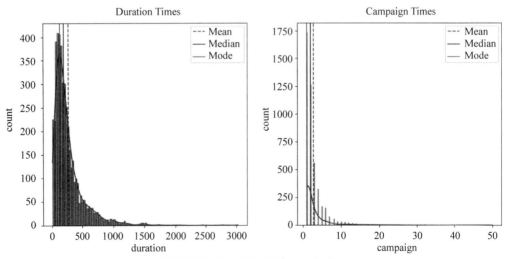

图 2.3.10　实训 3.11 程序的运行结果

一般来说,营销产品取决于销售人员的推销效果,为此做出数据分布图。可以看到绝大部分客户的通话时长在 1000 秒以内,通话次数在 10 次以内,但是还存在通话时长超过 1 小时及通话次数超过 60 次的情况,一般是尊贵的会员、难缠的客户、老年人,可以适当减少这部分情况发生的概率,将更多时间花在更有潜力的客户群体上。

五、影响因素分析

实训 3.12 分析年龄和存款的联系。

程序代码如下:

```
import pandas as pd
import matplotlib.pyplot as plt
import seaborn as sns
import csv
import os
os.chdir('D:/Data_mining_sx/part3')
df=pd.read_csv(r"pure_bank_data.csv",sep=",")
#年龄和存款之间的联系
sns.jointplot(x="age",y="balance",data=df,kind="reg")
plt.show()
```

程序的运行结果如图 2.3.11 所示。

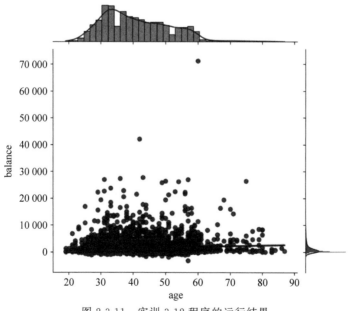

图 2.3.11 实训 3.12 程序的运行结果

不同年龄段对存款的需求不同,做出以上联合分布图,指定类型为回归分析,可以发现年存款在 2000 元左右的人数最多,并且各个年龄段都有,主要集中在 30～60 岁,60 岁以上选择存款的人数相对较少,并且可以大概看出置信区间应该在 2000～3000 元。

实训 3.13 分析年龄和存款对人们订购银行产品意愿的影响。

程序代码如下：

```
import pandas as pd
import matplotlib.pyplot as plt
import seaborn as sns
import csv
import os
os.chdir('D:/Data_mining_sx/part3')
df=pd.read_csv(r"pure_bank_data.csv",sep=",")
#年龄和存款对人们订购银行产品意愿的影响
sns.jointplot(x="age",y="balance",hue="y",data=df)
plt.show()
```

程序的运行结果如图 2.3.12 所示。

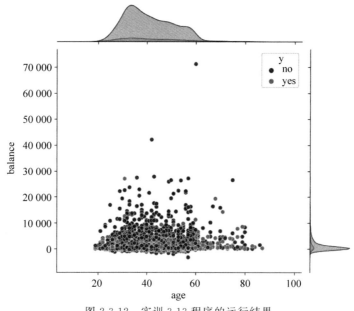

图 2.3.12 实训 3.13 程序的运行结果

使用联合分布图将订购银行产品意愿作为核密度图分类，可以看出年龄、存款和订购银行产品意愿三者之间的关系，发现愿意订购银行产品的客户主要为 30～40 岁，存款在 20000 元以内，其中还有存款为负数的，应该注意他们的信用情况，避免产生不必要的损失；并且绝大部分人不愿意订购银行产品，应该加强产品质量管理，提高优惠力度，收拢客户。

六、职业分析

不同职业的人对银行业务的需求不同，下面先对不同职业客户的存款情况进行总体分析，然后对其中订购银行产品人数较多的 3 个职业进行分析。

实训 3.14 职业与存款数据分析。

程序代码如下：

```
import pandas as pd
import matplotlib.pyplot as plt
import seaborn as sns
import csv
import os
os.chdir('D:/Data_mining_sx/part3')
df=pd.read_csv(r"pure_bank_data.csv",sep=",")
#职业和存款的关系
plt.figure(figsize=(13,6))
sns.stripplot(x=df.job,y=df.balance)
plt.show()
```

程序的运行结果如图 2.3.13 所示。

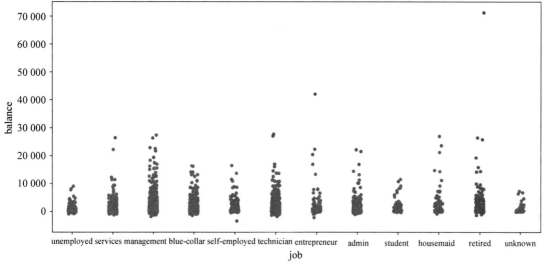

图 2.3.13 实训 3.14 程序的运行结果

由于职业是分类类型数据，所以采用分类散点图进行分析，从散点图可以看出管理者、技术人员、蓝领、退休人员等 4 种人员的存款人数较多，管理者还有存款超过 10 万元的，未知工作类型的人员的数量最少。

实训 3.15 使用箱线图将存款人数前五的工作类型进行展示分析。

程序代码如下：

```
import pandas as pd
import matplotlib.pyplot as plt
import seaborn as sns
import csv
import os
os.chdir('D:/Data_mining_sx/part3')
df=pd.read_csv(r"pure_bank_data.csv",sep=",")
```

```
plt.figure(figsize=(12,6))
top_jobs=(df.job.value_counts().sort_values(ascending=False).head(5).
index.values)
sns.boxplot(y="job",x="balance",data=df[df.job.isin(top_jobs)],orient="h")
plt.show()
```

程序的运行结果如图 2.3.14 所示。

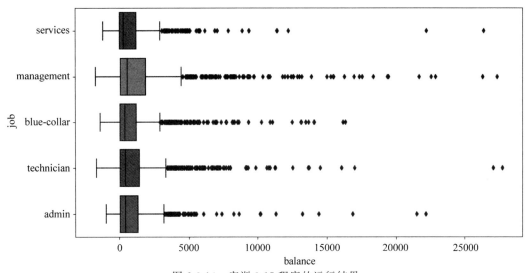

图 2.3.14　实训 3.15 程序的运行结果

使用箱线图将存款人数前五的工作类型进行展示分析,发现他们都有存款金额超过箱线图上限的,并且位于管理者职位的人员相对较多,金额较大者也更加密集,另外发现只有行政人员没有下限异常的数值。

实训 3.16　分析职业对订购银行产品的影响。

程序代码如下:

```
import pandas as pd
import matplotlib.pyplot as plt
import seaborn as sns
import csv
import os
os.chdir('D:/Data_mining_sx/part3')
df=pd.read_csv(r"pure_bank_data.csv",sep=",")
#职业对订购银行产品的影响
plt.figure(figsize=(10,6))
sns.countplot(data=df,y=df.job,hue=df['y'],orient="h",order=df.job.value_
counts().index)
plt.show()
```

程序的运行结果如图 2.3.15 所示。

从该图可以发现在订购银行产品的客户中,管理者、技术人员和蓝领 3 种类型的工作人员最多,而未知、客房服务员和企业家 3 种类型的工作人员最少。下面对订购银行产品人数前三的职业进行分析,以确定主要的客户群体。

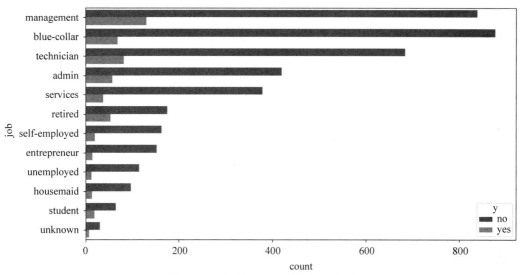

图 2.3.15　实训 3.16 程序的运行结果

实训 3.17　职业数据分析——管理者。

程序代码如下:

```
import pandas as pd
import matplotlib.pyplot as plt
import seaborn as sns
import csv
import os
os.chdir('D:/Data_mining_sx/part3')
df=pd.read_csv(r"pure_bank_data.csv",sep=",")
#分析职业——管理者
manage=df[(df["job"]=="management")]
manage_yes=manage[(manage["y"]=="yes")]
fig,axes=plt.subplots(nrows=1,ncols=2,figsize=(16,6))
sns.histplot(manage_yes["marital"],ax=axes[0])
sns.histplot(manage_yes["education"],ax=axes[1])
plt.show()
sns.jointplot(x="age",y="balance",hue="y",data=manage_yes)
plt.show()
```

程序的运行结果如图 2.3.16 所示。

从上面的直方图可以看出,订购银行产品的管理者的婚姻状况大部分是已婚或者单身,他们绝大部分接受过高等教育,并且集中分布在 20～60 岁,其中 30～40 岁的分布最密集,因此下次做活动推广时可以优先寻找接受过高等教育的单身或者已婚、年龄在 30～40 岁的管理者,他们更有可能订购银行产品。

实训 3.18　职业数据分析——技术人员。

程序代码如下:

```
import pandas as pd
```

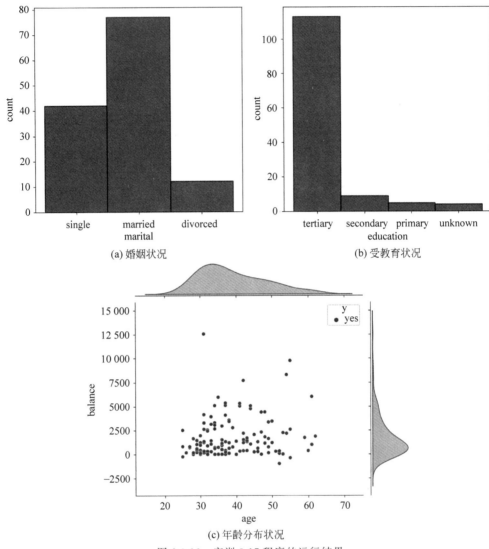

图 2.3.16 实训 3.17 程序的运行结果

```
import matplotlib.pyplot as plt
import seaborn as sns
import csv
import os
os.chdir('D:/Data_mining_sx/part3')
df=pd.read_csv(r"pure_bank_data.csv",sep=",")
#分析职业——技术人员
tech=df[(df["job"]=="technician")]
tech_yes=tech[(tech["y"]=="yes")]
fig,axes=plt.subplots(nrows=1,ncols=2,figsize=(16,6))
sns.histplot(tech_yes["marital"],ax=axes[0])
sns.histplot(tech_yes["education"],ax=axes[1])
plt.show()
```

```
sns.jointplot(x="age",y="balance",hue="y",data=tech_yes)
plt.show()
```

程序的运行结果如图 2.3.17 所示。

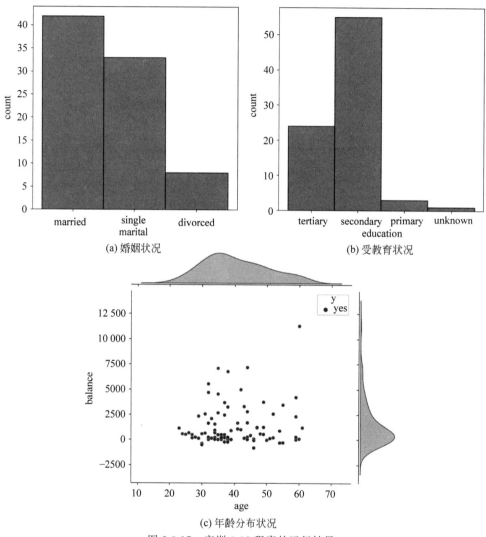

图 2.3.17 实训 3.18 程序的运行结果

从上面的联合分布图和直方图可以看出,订购银行产品的技术人员大部分是已婚或者单身状态,并且集中分布在 20~60 岁,其中 30~40 岁的分布最密集,和管理者不同的是,技术人员的学历更多是中等教育,其次是高等教育,他们也是订购银行产品的主要群体之一。

实训 3.19 职业数据分析——蓝领。

程序代码如下:

```
import pandas as pd
import matplotlib.pyplot as plt
import seaborn as sns
```

```
import csv
import os
os.chdir('D:/Data_mining_sx/part3')
df=pd.read_csv(r"pure_bank_data.csv",sep=",")
#分析职业——蓝领
bc=df[(df["job"]=="blue-collar")]
bc_yes=bc[(bc["y"]=="yes")]
fig,axes=plt.subplots(nrows=1,ncols=2,figsize=(16,6))
sns.histplot(bc_yes["marital"],ax=axes[0])
sns.histplot(bc_yes["education"],ax=axes[1])
plt.show()
sns.jointplot(x="age",y="balance",hue="y",data=bc_yes)
plt.show()
```

程序的运行结果如图 2.3.18 所示。

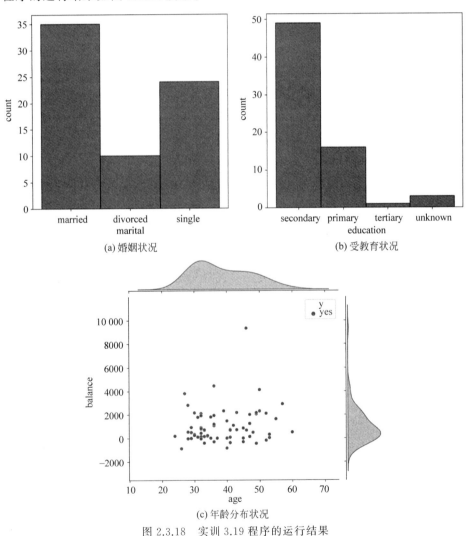

(a) 婚姻状况　　(b) 受教育状况

(c) 年龄分布状况

图 2.3.18　实训 3.19 程序的运行结果

从图 2.3.18 可以看出订购银行产品的蓝领有很大一部分接受过初等教育,年龄的分布相对比较松散,没有管理者和技术人员那么集中。

七、受教育水平、存款等各因素与订购银行产品的关系

无论是存款、贷款还是订购产品都跟一个人接受的教育程度息息相关,下面分别使用散点图和联合分布图对客户的受教育程度进行分析。

实训 3.20 受教育水平和存款与订购银行产品的关系。

程序代码如下:

```
import pandas as pd
import matplotlib.pyplot as plt
import seaborn as sns
import csv
import os
os.chdir('D:/Data_mining_sx/part3')
df=pd.read_csv(r"pure_bank_data.csv",sep=",")
#受教育水平和存款与订购银行产品的关系
plt.figure(figsize=(10,6))
sns.stripplot(x=df.education,y=df.balance,hue=df.y)
plt.show()
```

程序的运行结果如图 2.3.19 所示。

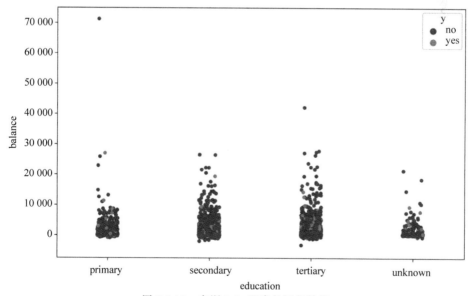

图 2.3.19　实训 3.20 程序的运行结果

从该图可以看到接受过高等教育和中等教育的人群,无论是存款金额还是订购银行产品都表现出色,值得注意的是,未知类型的人群订购银行产品的人数也比较多,需要跟进他们的信息,提供更好的服务,以留下潜在的客户。

实训 3.21 存款、受教育水平和年龄三者的关系。

程序代码如下：

```
import pandas as pd
import matplotlib.pyplot as plt
import seaborn as sns
import csv
import os
os.chdir('D:/Data_mining_sx/part3')
df=pd.read_csv(r"pure_bank_data.csv",sep=",")
sns.jointplot(x="age",y="balance",hue="education",data=df)
plt.show()
```

程序的运行结果如图 2.3.20 所示。

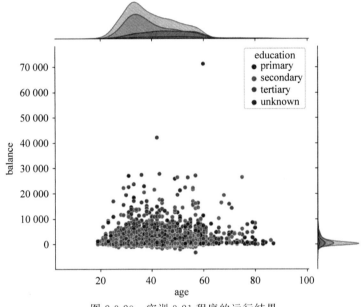

图 2.3.20　实训 3.21 程序的运行结果

按受教育水平进行分类，具体分析订购银行产品的客户所处的年龄段和存款，可以发现绝大部分人接受过中等教育或高等教育，其中接受过中等教育的人最多，他们的年龄集中在 20~60 岁，30~40 岁的分布最密集，存款一般在 20000 元以下。

实训 3.22 房贷与订购银行产品的关系。

程序代码如下：

```
import pandas as pd
import matplotlib.pyplot as plt
import seaborn as sns
import csv
import os
os.chdir('D:/Data_mining_sx/part3')
df=pd.read_csv(r"pure_bank_data.csv",sep=",")
```

```
sns.stripplot(x=df.housing,y=df.balance,hue=df.y)
plt.show()
```

程序的运行结果如图 2.3.21 所示。

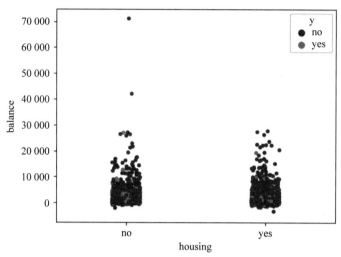

图 2.3.21　实训 3.22 程序的运行结果

房贷会不会也是影响订购银行产品的因素之一？从图 2.3.21 可以发现有无房贷和订购银行产品并无太大的关系，这些客户的数量占比相当。

实训 3.23　年龄与订购银行产品的关系。

程序代码如下：

```
import pandas as pd
import matplotlib.pyplot as plt
import seaborn as sns
import csv
import os
os.chdir('D:/Data_mining_sx/part3')
df=pd.read_csv(r"pure_bank_data.csv",sep=",")
sns.jointplot(x="age",y="balance",hue="housing",data=df)
plt.show()
```

程序的运行结果如图 2.3.22 所示。

从该图可以看出 60 岁以上的人基本上没有订购银行产品的意向，与年平均余额几乎没有多大关系。

实训 3.24　个人贷款与订购银行产品的关系。

程序代码如下：

```
import pandas as pd
import matplotlib.pyplot as plt
import seaborn as sns
import csv
import os
```

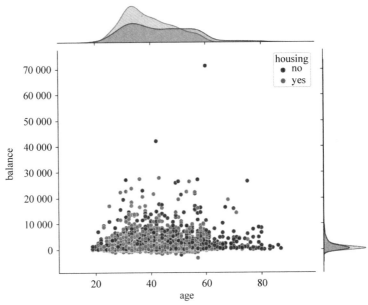

图 2.3.22　实训 3.23 程序的运行结果

```
os.chdir('D:/Data_mining_sx/part3')
df=pd.read_csv(r"pure_bank_data.csv",sep=",")
sns.stripplot(x="loan",y="balance",hue="y",data=df)
sns.jointplot(x="age",y="balance",hue="loan",data=df)
plt.show()
```

程序的运行结果如图 2.3.23 所示。

一个人的经济状况也会影响他对银行业务的支持程度。从图 2.3.23 可以发现没有个人贷款的人更愿意订购银行产品，并且存款相对更多，所以可以把主要关注对象放在没有个人贷款的人群。

实训 3.25　多个数字类型变量的分布关系。

程序代码如下：

```
import pandas as pd
import matplotlib.pyplot as plt
import seaborn as sns
import csv
import os
os.chdir('D:/Data_mining_sx/part3')
df=pd.read_csv(r"pure_bank_data.csv",sep=",")
#数字类型变量分析
sns.pairplot(data=df[["age","balance","duration","campaign","y"]],hue='y')
plt.show()
```

程序的运行结果如图 2.3.24 所示。

实训 3.26　多变量聚类。

程序代码如下：

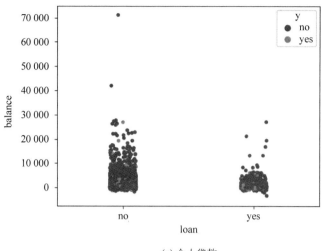

(a) 个人贷款

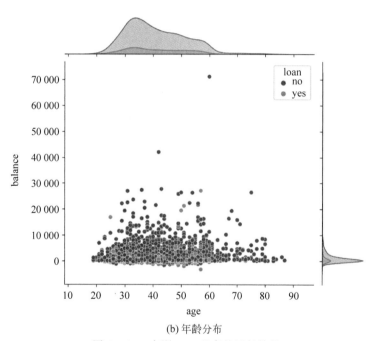

(b) 年龄分布

图 2.3.23　实训 3.24 程序的运行结果

```
import pandas as pd
from sklearn.cluster import KMeans
import csv
import os
os.chdir('D:/Data_mining_sx/part3')
df=pd.read_csv(r"pure_bank_data.csv",sep=",")
X=df[["age","balance","duration","campaign"]]
estimator=KMeans(n_clusters=4)                      #构造聚类器
estimator.fit(X)                                    #聚类
label_pred=estimator.labels_                        #获取聚类标签
x0=X[label_pred==0]
```

图 2.3.24　实训 3.25 程序的运行结果

```
x1=X[label_pred==1]
x2=X[label_pred==2]
x3=X[label_pred==3]
print('\n第一类别:\n',x0)
print('第二类别:\n',x1)
print('第三类别:\n',x2)
print('第四类别:\n',x3)
```

程序的运行结果如图 2.3.25 所示。

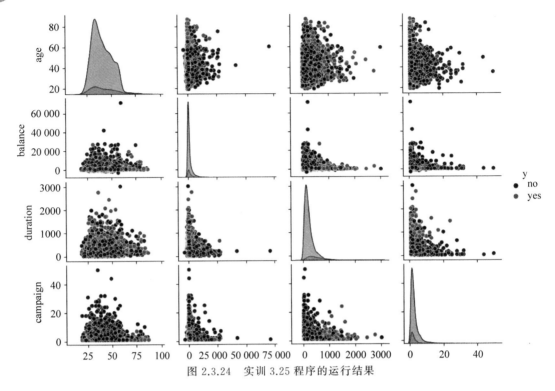

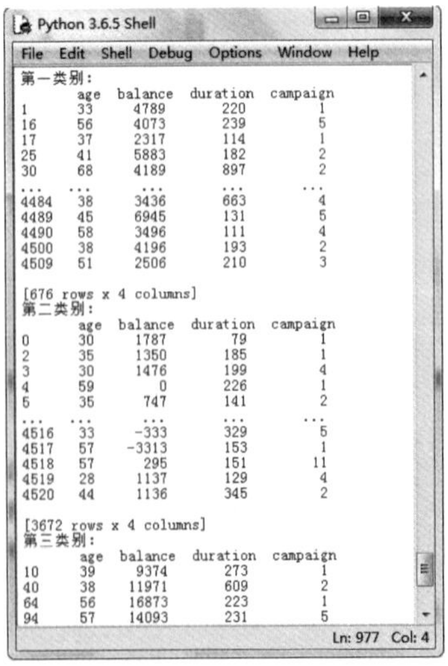

图 2.3.25　实训 3.26 程序的运行结果

实训 3.27 age、balance 聚类展示。

程序代码如下：

```
import pandas as pd
import numpy as np
import matplotlib.pyplot as plt
from sklearn.cluster import KMeans
import csv
import os
os.chdir('D:/Data_mining_sx/part3')
df=pd.read_csv(r"pure_bank_data.csv",sep=",")
X1=df[["age","balance"]]
X=np.array(X1)
estimator=KMeans(n_clusters=4)                  #构造聚类器
estimator.fit(X)                                #聚类
label_pred=estimator.labels_                    #获取聚类标签
#绘制 k-means 结果
x0=X[label_pred==0]
x1=X[label_pred==1]
x2=X[label_pred==2]
x3=X[label_pred==3]
plt.scatter(x0[:,0],x0[:,1],c="red",marker='o',label='label0')
plt.scatter(x1[:,0],x1[:,1],c="green",marker='*',label='label1')
plt.scatter(x2[:,0],x2[:,1],c="blue",marker='+',label='label2')
plt.scatter(x3[:,0],x3[:,1],c="black",marker='x',label='label3')
plt.xlabel('age')
plt.ylabel('balance')
plt.legend(loc=2)
plt.show()
```

程序的运行结果如图 2.3.26 所示。

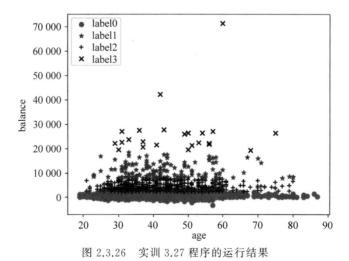

图 2.3.26 实训 3.27 程序的运行结果

八、总结

经过上述分析,为了加强客户对银行业务的支持力度,增加客户订购银行产品的概率,第一,应该选择管理者、技术人员、蓝领、行政人员这几种类型的人员,他们更有可能订购银行产品。第二,应该在这些人员中重点关注接受过高等教育和中等教育的人员。第三,这些客户已婚或者未婚,这两个婚姻状态的人员在订购银行产品的客户中占比最大。第四,这些客户的年龄主要集中在 20~60 岁,其中 30~40 岁的分布最密集。第五,这些客户最好没有个人贷款,至于房贷,则是无所谓的,因为买房也是一种投资。第六,营销活动的通话时间最好控制在 1000 秒内。

实训四

移动通信业务客户价值数据分析

现在移动通信市场已经日趋饱和,增加规模已经变得异常艰难,通信运营商互挖墙脚已经成为家常便饭,即使通信运营商耗费了有限的营销资源,客户也没有得到实质性的好处,此时增强客户的忠诚度,提升公司的盈利能力,对通信运营商来说就变得非常重要。

一、课题研究背景和意义

某通信运营商针对大学生群体推出校园网计划来增强客户的忠诚度。按照校园网的运营规则,如果一名大学生希望加入校园网,他首先必须是该运营商的客户,否则无法参加该计划。此外还需要现有校园网成员的邀请。作为回报,校园网内的所有通话费用非常便宜,而且数据流量的优惠也是巨大的(与网外朋友通信的费用照旧),所以为了降低通信费用,现有校园网成员都有很大的动力邀请朋友加入校园网,这样大量的日常沟通将发生在校园网内,不仅降低了通信费用,还享受了更好的服务。另外已经加入校园网的成员很少退出,因为大部分朋友以及其他主要通信人员都在校园网中,如果退出,还想保持和过去一样的沟通强度,成本将变得昂贵。

为了深度"套牢"在校大学生客户,通信运营商有着重要的付出,也就是降低费用。此外,为了迅速扩张校园网,鼓励大家推荐新客户,通信运营商对推荐者有一定的奖励,例如奖励话费或者流量甚至现金。

通信运营商付出这么多,得到的回报是什么呢?

第一个回报是高忠诚度、低离网率。

第二个回报是总利润不降反升。虽然下调了费用,但是会刺激消费量的上升,从而使最终总利润不降反升。

在运营一段时间以后发现,离网率的确下降不少,总利润也有所上升,但是总利润的上升低于预期。因为有些校园网成员邀请了很多低端客户进来,这些低端客户的消费量并没有因为入网而有所上升,相反,由于费用的下降,他们给通信运营商贡献的利润大幅度下降。当然,也有些校园网成员邀请了很多优质客户进来,相比入网之前,这些优质客户的沟通更加密切，因此尽管单位时长的费用下降很多，但是他们给通信运营商贡献的利润却上升不少。

这说明并非每个推荐者都能带来有价值的客户，甚至有些推荐者带来的客户的贡献是负的。因此有必要研究带来低价值客户的推荐者与带来高价值客户的推荐者之间的差异，如果能够掌握此规律，就可以把有限的奖励资源有针对性地投放到能为通信运营商带来高价值客户的推荐者身上。

二、指标设计

通常需要设计一个指标来衡量推荐者的价值，并且这个指标必须对业务有好的指导意义。那么推荐者的价值应该通过什么指标来评估呢？这个指标就是因变量，例如某推荐者推荐的所有客户加入校园网后，通信运营商的绝对和相对收入的增长或者绝对和相对利润的增长。在这里使用某推荐者当月推荐的所有客户加入校园网后，通信运营商次月的利润环比增长率为评估指标，这就是要研究的因变量。

在确定因变量之后，需要考虑有哪些因素会影响推荐者的价值，也就是需要寻找自变量。在实际工作中有大量有用的指标，能够详细地刻画推荐者的方方面面。例如，可以考虑消费者的消费行为，主要包括该消费者在各项通信及增值业务上的花费。再如，还可以考虑消费者的通话特征，包括该消费者的通话时长、频率、时间等，甚至能将通话分成主叫、被叫，以及本地、长途、漫游等。总之，在实际工作中可以考虑的指标有很多，它们都有助于更好地描述推荐者，它们都可以成为自变量。在这里为了简单，只考虑月通话总量、大网占比和小网占比 3 个自变量。

月通话总量指推荐者推荐的所有客户当月的通话总时长，以百分钟计。很显然，这是一个重要的自变量，它直接刻画了客户的活跃程度。

大网指的是运营商的通信网络，大网占比就是推荐者推荐的所有客户当月的通话总时长中，发生在运营商的通信网络内的通话总时长的占比。这个占比越高，说明推荐者推荐的所有客户的通话越多地发生在运营商的通信网络内。

小网指的是校园网，小网占比就是推荐者推荐的所有客户当月在运营商的通信网络内的通话总时长中，发生在校园网内的通话总时长的占比。

大网占比衡量了推荐者推荐的所有客户当月的通话总时长中有多少发生在运营商的通信网络内，小网占比衡量的则是推荐者推荐的所有客户当月发生在运营商的通信网络内的通话时长中有多少发生在校园网内。由于加入校园网的前提条件是消费者为该运营商的客户，所以每个推荐者能够发展多少个校园网用户是有上限的，这个上限就是该推荐者发生在该运营商的通信网络内的所有社交关系。

三、数据的展示

实训 4.1 展示"D:/data_mining_sx/part4"文件夹中的数据集 Mobile_customer_data.csv 的结构。

程序代码如下：

```
import csv
```

```
import pandas as pd
import os
os.chdir('D:/Data_mining_sx/part4')                    #改变当前路径
df=pd.read_csv(r"Mobile_customer_data.csv",encoding='gbk')
print('\nMobile_customer_data.csv数据集前5条记录:\n',df.head(5))
print('\nMobile_customer_data.csv数据集结构:')
print(df.info())
```

程序的运行结果如图 2.4.1 所示。

图 2.4.1　实训 4.1 程序的运行结果

实训 4.2　数据记录的去重,将结果写入"D:/Data_mining_sx/part4"下的 pure_mobile_customer_data.csv 文件中。

程序代码如下:

```
import csv
import pandas as pd
import os
os.chdir('D:/Data_mining_sx/part4')                    #改变当前路径
df=pd.read_csv(r"Mobile_customer_data.csv",encoding='gbk')
if df.duplicated().sum()>0:
    print(df[df.duplicated()])                         #显示重复数据记录
    print('数据集中存在以上{}条重复数据记录,现已删除。'.format(df[df.duplicated()].shape[0]))
    df.drop_duplicates(inplace=True)                   #删除所有字段完全重复的数据并立即生效
    print(df)
else:
    print('数据集中不存在重复数据记录,无须去重。')
head_columns=[]
for i in range(len(df.columns)):
    head_columns.append(df.columns[i])
with open('pure_mobile_customer_data.csv','a',newline='') as f:
                                                       #以追加方式打开或创建
    f_csv=csv.writer(f)
    f_csv.writerow(head_columns)                       #写入文件头
```

```
        for i in range(len(df)):                                    #按行写入文件
            f_csv.writerow(df.iloc[i])
```

经过数据清洗后生成新文件 pure_mobile_customer_data.csv。其实该程序运行后提示"数据集中不存在重复数据记录,无须去重。",所以清洗后数据集与原数据集相同。

实训 4.3 数据集结构分析。

程序代码如下:

```
import csv
import pandas as pd
import os
os.chdir('D:/Data_mining_sx/part4')                                 #改变当前路径
df=pd.read_csv(r"pure_mobile_customer_data.csv",encoding='gbk')
print('\n',df.median(),df.describe(percentiles=(0.01,0.25,0.5,0.75,0.99)))
```

程序的运行结果如图 2.4.2 所示。

图 2.4.2　实训 4.3 程序的运行结果

结果分析:

每个变量都有 1322 条数据记录,不存在缺失值,未发现明显的极端值,所有字段都不存在违背业务逻辑的数据记录。

第一,就因变量"利润环比增长率"而言,无论是样本均值还是中位数,都还不错,一个是 19.3%,另一个是 19.4%(50%值),这显示校园网计划获得初步成功,推荐者确实为校园网带来了正的相对利润。但是,从标准差来看,差异性非常大,高达 13.4%,有的推荐者所推荐客户的利润环比增长率上升非常大,最大值达到 66.2%,而有的推荐者所推荐客户的利润环比增长率下降非常大,最大跌幅高达 24.7%。正因为有这么大的差异,所以本研究显得非常必要。

第二,就自变量"月通话总量"而言,推荐者所推荐客户当月的通话总量在 258 分钟左右,最大值为 358 分钟,最小值为 105 分钟,显示无异常数据。

第三,就自变量"大网占比"而言,其平均值为 80.7%,中位数为 81.9%,说明所有推荐者都是该运营商所发展的客户。

第四,就自变量"小网占比"而言,其平均值为 29.5%,中位数为 27.7%,说明推荐者的通信社交圈被校园网覆盖的比例并不高,还有很大的发展潜力。

四、数据的分布情况

查看数据的分布情况,有助于根据数据分布选择合适的数据处理办法(包括缺失值处理、异常值处理、连续特征的离散化),以及深入了解客户的行为。

对于连续数据,当偏度系数等于 0 时,数据呈左右对称分布;当偏度系数的绝对值大于或等于 1 时,数据呈严重偏斜分布;当偏度系数的绝对值大于或等于 0.5 且小于 1 时,数据呈中等偏斜分布;当偏度系数的绝对值大于 0 且小于 0.5 时,数据呈轻微偏斜分布。

实训 4.4　偏度系数分析。

程序代码如下:

```
import csv
import pandas as pd
import os
os.chdir('D:/Data_mining_sx/part4')              #改变当前路径
df=pd.read_csv(r"pure_mobile_customer_data.csv",encoding='gbk')
#偏度系数分析
skw_analysis=(
    pd.DataFrame({'偏度系数':df.skew(numeric_only=True)})
                                                 #只计算数值型字段的偏度系数
    .assign(偏斜程度=df.skew(numeric_only=True).to_frame()[0].apply(lambda
z:'严重' if abs(z)>=1 else '中等' if abs(z)>=0.5 else '轻微'))
                                                 #新增"偏斜程度"列
    .assign(偏斜方向=df.skew(numeric_only=True).to_frame()[0].apply(lambda
z:'左偏' if z<0 else '对称' if z==0 else '右偏'))    #新增"偏斜方向"列)
    .sort_values(by='偏度系数',ascending=True)      #按"偏度系数"变量升序排序
)
print('\n',skw_analysis)
```

程序的运行结果如图 2.4.3 所示。

图 2.4.3　实训 4.4 程序的运行结果

实训 4.5　数据分布的可视化。

程序代码如下:

```
import csv
import pandas as pd
from matplotlib import pyplot as plt
import os
os.chdir('D:/Data_mining_sx/part4')
df=pd.read_csv(r"pure_mobile_customer_data.csv",encoding='gbk')
```

```
#数据分布的可视化
plt.rcParams['font.sans-serif']=['SimHei']
plt.rcParams['axes.unicode_minus']=False
p1=plt.figure(figsize=(16,8))
rows=2
cols=4
gs=plt.GridSpec(rows,cols)
for col in range(cols):
    colnames=['利润环比增长率','月通话总量','大网占比','小网占比']
    X=df[colnames[col]]
    label=colnames[col] if colnames[col]!='月通话总量' else colnames[col]+'(分钟)'
    label=[label]
    plt.subplot(gs[0,col])
    plt.hist(df[colnames[col]],edgecolor='white',bins=100)
    plt.xlabel(colnames[col] if colnames[col]!='月通话总量' else colnames[col]+'(分钟)')
    plt.ylabel('频数')
    if col==2:
        plt.subplot(gs[1,col],sharey=plt.subplot(gs[1,3]))
    else:
        plt.subplot(gs[1,col])
    plt.boxplot(X,labels=label,showmeans=True,showfliers=True)
plt.show()
```

程序的运行结果如图 2.4.4 所示。

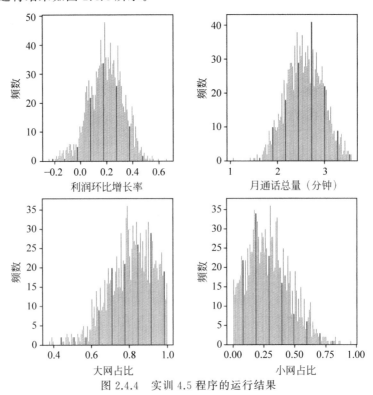

图 2.4.4 实训 4.5 程序的运行结果

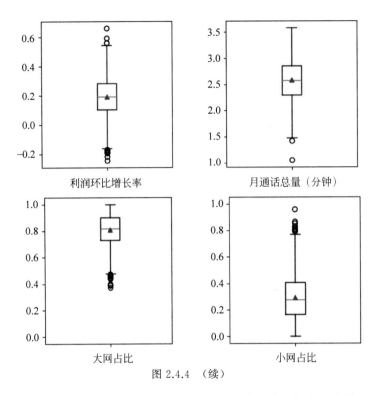

图 2.4.4 （续）

"利润环比增长率"和"月通话总量"数据呈轻微左偏分布，存在极小值；"大网占比"数据呈中等左偏分布，存在极小值；"小网占比"数据呈中等右偏分布，存在极大值。

实训 4.6 数据的相关性分析。

程序代码如下：

```
import csv
import pandas as pd
import os
os.chdir('D:/Data_mining_sx/part4')              #改变当前路径
df=pd.read_csv(r"pure_mobile_customer_data.csv",encoding='gbk')
print(df.corr(method='pearson'))
```

程序的运行结果如图 2.4.5 所示。

图 2.4.5　实训 4.6 程序的运行结果

相关系数显示，利润环比增长率与月通话总量存在不太显著的线性负相关（r＝－0.003350），大网占比与小网占比存在不太显著的负相关（r＝－0.019417）。从这些数据可以看出多个属性间没有明显的相关性。

五、回归分析

实训 4.7　利用输入法筛选自变量，进行无交互效应模型验证。

程序代码如下：

```
import csv
import pandas as pd
import statsmodels.api as sm
import os
os.chdir('D:/Data_mining_sx/part4')              #改变当前路径
df=pd.read_csv(r"pure_mobile_customer_data.csv",encoding='gbk')
x_step=df[['月通话总量','大网占比','小网占比']]     #确定自变量数据
y_step=df.利润环比增长率                           #确定因变量数据
X_step=sm.add_constant(x_step)         #加上一列全为1的数据,使得模型矩阵中包含截距
model_step=sm.OLS(y_step,X_step).fit()
print(model_step.summary())
```

程序的运行结果如图2.4.6所示。

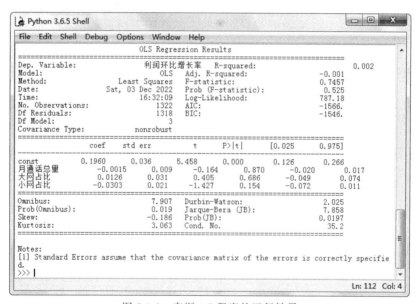

图 2.4.6　实训 4.7 程序的运行结果

该程序的自变量"月通话总量"、"大网占比"和"小网占比"均未通过显著性检验（p分别等于 0.870、0.686、0.154，均大于 0.05），不能进行回归分析。

实训 4.8　多重共线性诊断。

程序代码如下：

```
import csv
import pandas as pd
import statsmodels.api as sm
```

```
import os
os.chdir('D:/Data_mining_sx/part4')             #改变当前路径
df=pd.read_csv(r"pure_mobile_customer_data.csv",encoding='gbk')
#计算 VIF
IDV=['月通话总量','大网占比','小网占比']
                                                #确定自变量名称全集,IDV=independent variable
vifs=[]
for variable in IDV:
    x_vif=df[list(set(IDV)-{variable})]
    X_vif=sm.add_constant(x_vif)
    y_vif=df[variable]
    model_vif=sm.OLS(y_vif,X_vif).fit()
    vif=1/(1-model_vif.rsquared)
    vifs.append(vif)
VIFS= pd. DataFrame (index = IDV). assign (VIF = vifs). sort_values (by = 'VIF',
ascending=False)                                #按各变量的 VIF 值降序排序
print('\n',VIFS)
```

程序的运行结果如图 2.4.7 所示。

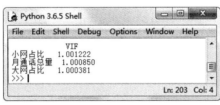

图 2.4.7　实训 4.8 程序的运行结果

当 VIF<5 时,回归方程存在轻度多重共线性;当 5≤VIF<10 时,回归方程存在较严重的多重共线性;当 VIF≥10 时,回归方程存在严重的多重共线性,因此自变量之间不存在多重共线性问题。

实训 4.9　计算自相关系数。

程序代码如下:

```
import csv
import pandas as pd
import statsmodels.api as sm
import numpy as np
from pandas.plotting import lag_plot,autocorrelation_plot
                                                #滞后残差图、自相关系数折线图
from matplotlib import pyplot as plt
import os
os.chdir('D:/Data_mining_sx/part4')             #改变当前路径
df=pd.read_csv(r"pure_mobile_customer_data.csv",encoding='gbk')
x_autocorr=df[['月通话总量','大网占比','小网占比']]    #确定自变量数据
y_autocorr=df.利润环比增长率                        #确定因变量数据
X_autocorr=sm.add_constant(x_autocorr)
                                    #加上一列全为 1 的数据,使得模型矩阵中包含截距
model_autocorr=sm.OLS(y_autocorr,X_autocorr).fit()
```

```
#计算自相关系数
m=list(sm.tsa.stattools.acf(model_autocorr.resid,nlags=20))
m.pop(0)
m=np.array(m)
print('\n自相关系数的最大值为:{0},最小值为:{1}'.format(m.max(),m.min()))
```

程序的运行结果如图 2.4.8 所示。

图 2.4.8　实训 4.9 程序的运行结果

由结果可以看出,自相关系数的取值区间为 $-0.051 \sim 0.054$,值都非常小,故认为不存在序列相关性。

实训 4.10　自相关系数的可视化。

程序代码如下:

```
import csv
import pandas as pd
import statsmodels.api as sm
from pandas.plotting import lag_plot,autocorrelation_plot
                                    #滞后残差图、自相关系数折线图
from matplotlib import pyplot as plt
import os
os.chdir('D:/Data_mining_sx/part4')              #改变当前路径
df=pd.read_csv(r"pure_mobile_customer_data.csv",encoding='gbk')
x_autocorr=df[['月通话总量','大网占比','小网占比']]   #确定自变量数据
y_autocorr=df.利润环比增长率                        #确定因变量数据
X_autocorr=sm.add_constant(x_autocorr)
                            #加上一列全为1的数据,使得模型矩阵中包含截距
model_autocorr=sm.OLS(y_autocorr,X_autocorr).fit()
#绘制自相关系数折线图
plt.rcParams['font.sans-serif']=['SimHei']
plt.rcParams['axes.unicode_minus']=False
plt.figure(figsize=(12,4))
autocorrelation_plot(model_autocorr.resid)
plt.xticks(list(range(23)))
plt.title('自相关系数折线图')
plt.xlabel('滞后阶数')
plt.ylabel('自相关系数')
plt.show()
```

程序的运行结果如图 2.4.9 所示。

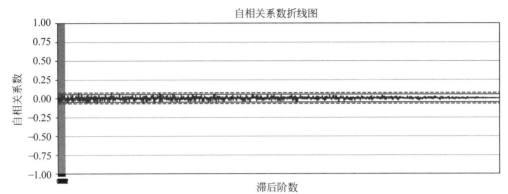

图 2.4.9 实训 4.10 程序的运行结果

实训 4.11 绘制自相关图。

程序代码如下：

```
import csv
import pandas as pd
import statsmodels.api as sm
from statsmodels.graphics.tsaplots import plot_acf,plot_pacf
                                                    #自相关图、偏自相关图
from matplotlib import pyplot as plt
import os
os.chdir('D:/Data_mining_sx/part4')                 #改变当前路径
df=pd.read_csv(r"pure_mobile_customer_data.csv",encoding='gbk')
x_autocorr=df[['月通话总量','大网占比','小网占比']]  #确定自变量数据
y_autocorr=df.利润环比增长率                         #确定因变量数据
X_autocorr=sm.add_constant(x_autocorr)
                                    #加上一列全为1的数据,使得模型矩阵中包含截距
model_autocorr=sm.OLS(y_autocorr,X_autocorr).fit()
plt.rcParams['font.sans-serif']=['SimHei']
plt.rcParams['axes.unicode_minus']=False
fig,axes=plt.subplots(nrows=1,ncols=1,figsize=(16,5),dpi=80)
plot_acf(model_autocorr.resid,ax=axes,lags=20)      #绘制自相关图
axes.set_title('自相关图')
axes.set_ylabel('自相关系数')
axes.set_xlabel('滞后阶数')
axes.set_xticks(list(range(21)))
plt.show()
```

程序的运行结果如图 2.4.10 所示。

自相关图反映了残差序列的各阶自相关系数的大小,该图的高度值对应的是各阶自相关系数的值,灰色区域是 95% 置信区间,两条界线是检测自相关系数是否为 0 时所使用的判别标准,当代表自相关系数的柱条超过这两条界线时,可以认定自相关系数显著不为 0。

观察图 2.4.10 可知,基本上所有的点都落在 95% 置信区间内,所以初步判断不存在序列相关性。

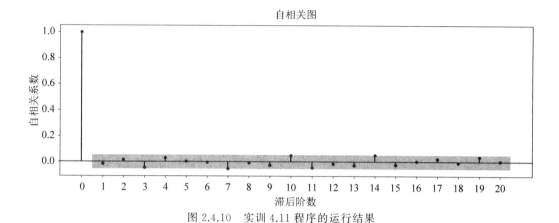

图 2.4.10 实训 4.11 程序的运行结果

实训 4.12 绘制残差时序图。

程序代码如下：

```
import csv
import pandas as pd
import statsmodels.api as sm
from statsmodels.graphics.tsaplots import plot_acf,plot_pacf
                                           #自相关图、偏自相关图
from matplotlib import pyplot as plt
import os
os.chdir('D:/Data_mining_sx/part4')         #改变当前路径
df=pd.read_csv(r"pure_mobile_customer_data.csv",encoding='gbk')
x_autocorr=df[['月通话总量','大网占比','小网占比']]  #确定自变量数据
y_autocorr=df.利润环比增长率                #确定因变量数据
X_autocorr=sm.add_constant(x_autocorr)
                           #加上一列全为1的数据,使得模型矩阵中包含截距
model_autocorr=sm.OLS(y_autocorr,X_autocorr).fit()
plt.rcParams['font.sans-serif']=['SimHei']
plt.rcParams['axes.unicode_minus']=False
plt.scatter(df.index,model_autocorr.resid)
plt.xlabel('索引号')
plt.ylabel('残差')
plt.show()
```

程序的运行结果如图 2.4.11 所示。

由该图可以看出散点未呈现任何规律性，故认为不存在序列相关性。

实训 4.13 创建"月通话总量"和"大网占比"两个自变量的回归模型。

程序代码如下：

```
import csv
import pandas as pd
import statsmodels.api as sm
import numpy as np
from sklearn.preprocessing import StandardScaler
```

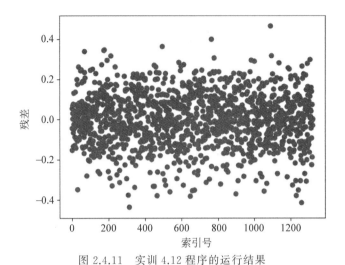

图 2.4.11 实训 4.12 程序的运行结果

```
import os
os.chdir('D:/Data_mining_sx/part4')        #改变当前路径
df=pd.read_csv(r"pure_mobile_customer_data.csv",encoding='gbk')
x_end_variables=['月通话总量','大网占比']   #确定最终进入模型的自变量的名称
x_end=df[x_end_variables]                   #确定最终进入模型的自变量数据
y_end=df['利润环比增长率']                   #确定最终进入模型的因变量数据
scaler=StandardScaler()                     #建模:创建数据标准化模型
x_end_std=scaler.fit_transform(x_end)
y_end_std=scaler.fit_transform(np.array(y_end).reshape(-1,1))  #标准化 y
X_end=sm.add_constant(x_end)         #加上一列全为 1 的数据,使得模型矩阵中包含截距
X_end_std=sm.add_constant(x_end_std)
                                     #加上一列全为 1 的数据,使得模型矩阵中包含截距
model_end=sm.OLS(y_end,X_end).fit()
model_end_std=sm.OLS(y_end_std,X_end_std).fit()
print('\n',model_end.summary())             #非标准化回归模型摘要
```

程序的运行结果如图 2.4.12 所示。

类似地,可以得到"月通话总量"和"小网占比"以及"小网占比"和"大网占比"自变量的回归模型。这些模型没有实际意义。

六、客户群体的概况

一般来讲(如果是实际问题数据集,应该能分析出来),最有价值的推荐者应该具备两个特征:第一,月通话总量高;第二,大网占比高。

对于这两个特征,使用聚类分析法将"月通话总量"变量分为"高"和"低"两类,将"大网占比"变量也分为"高"和"低"两类,于是便将客户细分为 4 类:第一类,高月通话总量、高大网占比客户;第二类,高月通话总量、低大网占比客户;第三类,低月通话总量、高大网占比客户;第四类,低月通话总量、低大网占比客户。

实训 4.14 用肘部法对客户类别进行估计。

程序代码如下:

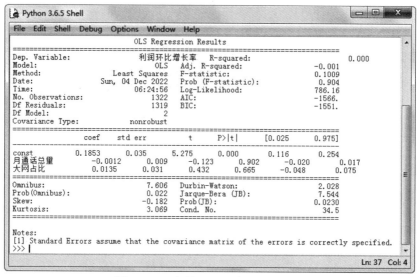

图 2.4.12　实训 4.13 程序的运行结果

```
import csv
import pandas as pd
import numpy as np
from matplotlib import pyplot as plt
from sklearn.cluster import KMeans
import os
os.chdir('D:/Data_mining_sx/part4')          #改变当前路径
df=pd.read_csv(r"pure_mobile_customer_data.csv",encoding='gbk')
mdl=df[['利润环比增长率','月通话总量','大网占比','小网占比']]
#利用 SSE 选择 k
SSE=[]                                        #存放每次结果的误差平方和
for k in range(1,8):                          #尝试要聚成的类数
    estimator=KMeans(n_clusters=k)            #构造聚类器
    estimator.fit(np.array(mdl[['利润环比增长率','月通话总量','大网占比','小网占比']]))
    SSE.append(estimator.inertia_)
X=range(1,8)                                  #要和 k 值一样
plt.xlabel('k')
plt.ylabel('SSE')
plt.plot(X,SSE,'d-')
plt.show()
```

程序的运行结果如图 2.4.13 所示。

由该图可以看出,簇数 k 取 2 或 3 比较好。

实训 4.15　将数据集聚类成 3 个类别。

程序代码如下:

```
import csv
import pandas as pd
import numpy as np
```

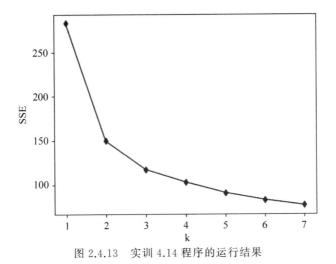

图 2.4.13 实训 4.14 程序的运行结果

```
from sklearn.cluster import KMeans
import os
os.chdir('D:/Data_mining_sx/part4')        #改变当前路径
df=pd.read_csv(r"pure_mobile_customer_data.csv",encoding='gbk')
X=np.array(df)
estimator=KMeans(n_clusters=3)              #构造聚类器
estimator.fit(X)                             #聚类
df['类别标签']=estimator.labels_             #获取聚类标签
print('\n',df)
```

程序的运行结果如图 2.4.14 所示。

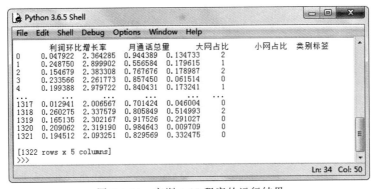

图 2.4.14 实训 4.15 程序的运行结果

实训 4.16 以"月通话总量"和"大网占比"作为数对的分类(3类)可视化。

程序代码如下：

```
import csv
import pandas as pd
import numpy as np
from sklearn.cluster import KMeans
from matplotlib import pyplot as plt
```

```
import os
os.chdir('D:/Data_mining_sx/part4')           #改变当前路径
df=pd.read_csv(r"pure_mobile_customer_data.csv",encoding='gbk')
X1=df[['月通话总量','大网占比']]
X=np.array(X1)
estimator=KMeans(n_clusters=3)                #构造聚类器
estimator.fit(X)                              #聚类
label_pred=estimator.labels_                  #获取聚类标签
#绘制k-means结果
x0=X[label_pred==0]
x1=X[label_pred==1]
x2=X[label_pred==2]
plt.rcParams['font.sans-serif']=['SimHei']
plt.rcParams['axes.unicode_minus']=False
plt.scatter(x0[:,0],x0[:,1],c="red",marker='o',label='label0')
plt.scatter(x1[:,0],x1[:,1],c="green",marker='*',label='label1')
plt.scatter(x2[:,0],x2[:,1],c="blue",marker='+',label='label2')
plt.xlabel('月通话总量')
plt.ylabel('大网占比')
plt.legend(loc=2)
plt.show()
```

程序的运行结果如图 2.4.15 所示。

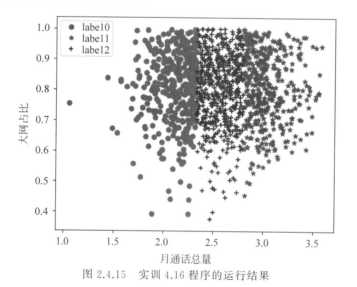

图 2.4.15 实训 4.16 程序的运行结果

从该图可以看出以"月通话总量"和"大网占比"作为横坐标和纵坐标分类界线较清晰,"月通话总量"在 200～300 分钟的通话的"大网占比"高达 70%～98%。

七、客户群体的细分

实训 4.17 分别按"月通话总量"和"大网占比"将客户分成两个类别。

程序代码如下:

```
import csv
import pandas as pd
import numpy as np
from sklearn.cluster import KMeans
import os
os.chdir('D:/Data_mining_sx/part4')
df=pd.read_csv(r"pure_mobile_customer_data.csv",encoding='gbk')
kms=KMeans(n_clusters=2,random_state=20220923)
df['月通话总量分类']=kms.fit(np.array(df.月通话总量).reshape(-1,1)).labels_
df['大网占比分类']=kms.fit(np.array(df.大网占比).reshape(-1,1)).labels_
df.月通话总量分类.replace([0,1],['高','低'],inplace=True)
df.大网占比分类.replace([0,1],['低','高'],inplace=True)
print('\n',df.groupby('月通话总量分类').月通话总量.count())
print(df.groupby('大网占比分类').大网占比.count())
```

程序的运行结果如图 2.4.16 所示。

图 2.4.16　实训 4.17 程序的运行结果

该图统计出了分别按"月通话总量"和"大网占比"进行分类时"高"和"低"记录的数量。

实训 4.18　细分客户。

程序代码如下：

```
import csv
import pandas as pd
import numpy as np
from sklearn.cluster import KMeans
import os
os.chdir('D:/Data_mining_sx/part4')
df=pd.read_csv(r"pure_mobile_customer_data.csv",encoding='gbk')
kms=KMeans(n_clusters=2,random_state=20220923)
df['月通话总量分类']=kms.fit(np.array(df.月通话总量).reshape(-1,1)).labels_
df['大网占比分类']=kms.fit(np.array(df.大网占比).reshape(-1,1)).labels_
crosstab_quantity=pd.crosstab(df.大网占比分类,df.月通话总量分类)
crosstab_percent=pd.crosstab(df.大网占比分类,df.月通话总量分类,normalize=True)
#绘制客户群体细分表
crosstab=pd.DataFrame(index=['大网占比_低','大网占比_高'],columns=['月通话总量_低','月通话总量_高'])
crosstab.iloc[0,0]='{}({:.2%})[D.最劣质客户-放弃]'.format(crosstab_quantity.
```

```
iloc[0,0],crosstab_percent.iloc[0,0])
crosstab.iloc[0,1]='{}({:.2%})[C.高潜力客户-策反]'.format(crosstab_quantity.
iloc[0,1],crosstab_percent.iloc[0,1])
crosstab.iloc[1,0]='{}({:.2%})[B.待激活客户-激活]'.format(crosstab_quantity.
iloc[1,0],crosstab_percent.iloc[1,0])
crosstab.iloc[1,1]='{}({:.2%})[A.高价值客户-套牢]'.format(crosstab_quantity.
iloc[1,1],crosstab_percent.iloc[1,1])
print('\n',crosstab)
```

程序的运行结果如图 2.4.17 所示。

图 2.4.17 实训 4.18 程序的运行结果

实训 4.19 以"月通话总量"和"大网占比"两个变量进行细分类。

程序代码如下:

```
import csv
import pandas as pd
import numpy as np
from sklearn.cluster import KMeans
from matplotlib import pyplot as plt
import os
os.chdir('D:/Data_mining_sx/part4')
df=pd.read_csv(r"pure_mobile_customer_data.csv",encoding='gbk')
kms=KMeans(n_clusters=2,random_state=20220923)
df['月通话总量分类']=kms.fit(np.array(df.月通话总量).reshape(-1,1)).labels_
df['大网占比分类']=kms.fit(np.array(df.大网占比).reshape(-1,1)).labels_
df.月通话总量分类.replace([0,1],['高','低'],inplace=True)
df.大网占比分类.replace([0,1],['低','高'],inplace=True)
plt.rcParams['font.sans-serif']=['SimHei']
plt.rcParams['axes.unicode_minus']=False
plt.scatter(df[(df.大网占比分类=='高')&(df.月通话总量分类=='高')].大网占比,df
[(df.大网占比分类=='高')&(df.月通话总量分类=='高')].月通话总量,label='高价值客
户',c='blue',marker='o')
plt.scatter(df[(df.大网占比分类=='低')&(df.月通话总量分类=='低')].大网占比,df
[(df.大网占比分类=='低')&(df.月通话总量分类=='低')].月通话总量,label='最劣质客
户',c='red',marker='^')
plt.scatter(df[(df.大网占比分类=='高')&(df.月通话总量分类=='低')].大网占比,df
[(df.大网占比分类=='高')&(df.月通话总量分类=='低')].月通话总量,label='待激活客
户',c='black',marker='*')
plt.scatter(df[(df.大网占比分类=='低')&(df.月通话总量分类=='高')].大网占比,df
[(df.大网占比分类=='低')&(df.月通话总量分类=='高')].月通话总量,label='高潜力客
```

```
户',c='green',marker='x')
plt.xlabel('大网占比')
plt.ylabel('月通话总量(百分钟)')
plt.legend()
plt.show()
```

程序的运行结果如图2.4.18所示。

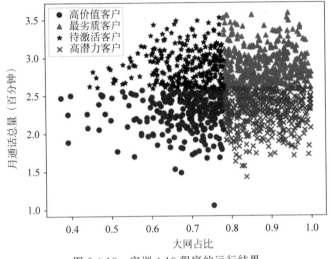

图2.4.18　实训4.19程序的运行结果

该图对分类客户进行了可视化展示。

八、营销策略建议

根据前面的模型分析结果可知，最有价值的推荐者应当具备两个特征：第一，月通话总量高；第二，大网占比高。

基于这两个特征，运用K均值聚类分析法，分别将"月通话总量"和"大网占比"变量分成两类，并构建客户群体细分表，于是就把推荐者分成4类，对每类推荐者可以制定有针对性的精准营销策略。

对于群体A，对应的是最优质的高价值客户，占样本40.52%，其特征是高通话总量、高大网占比。对这部分客户的营销策略是向其提供最优质的营销资源和最好的客户服务，将他们深度套牢，同时向他们提供最激进的奖励机制，鼓励他们将大网中的好友发展为校园网用户。

对于群体B，对应的是待激活客户，占样本36.15%，其特征是低通话总量、高大网占比。这部分客户的优势是大网占比高，这说明他们的通信社交圈被同一个运营商大量覆盖，他们的劣势是通话总量不高，活跃度低。如果通过合理的营销策略刺激他们提高通话总量，其通话对象的通话总量也可能会被大大提高。

对于群体C，对应的是高潜力客户，占样本10.95%，其特征是高通话总量、低大网占比。这部分客户的优势是通话总量高，活跃度高，劣势是大网占比低。这说明他们有大量的高价值通信对象未被该运营商覆盖，因此可以考虑为这批客户设立激进的推荐奖励机制,鼓励他们对身边的好友进行"策反",邀请他们身边的好友加入该运营商,以提高大网占比。

对于群体D,对应的是最劣质客户,占样本12.38%,其特征是低通话总量、低大网占比。他们既不活跃,又有大量的通信对象未被该运营商覆盖,是最劣质的一批用户,在营销资源有限的情况下,他们或许可以被暂时放弃。

图书资源支持

感谢您一直以来对清华版图书的支持和爱护。为了配合本书的使用,本书提供配套的资源,有需求的读者请扫描下方的"书圈"微信公众号二维码,在图书专区下载,也可以拨打电话或发送电子邮件咨询。

如果您在使用本书的过程中遇到了什么问题,或者有相关图书出版计划,也请您发邮件告诉我们,以便我们更好地为您服务。

我们的联系方式:

清华大学出版社计算机与信息分社网站:https://www.shuimushuhui.com/

地　　址:北京市海淀区双清路学研大厦 A 座 714

邮　　编:100084

电　　话:010-83470236　010-83470237

客服邮箱:2301891038@qq.com

QQ:2301891038(请写明您的单位和姓名)

资源下载: 关注公众号"书圈"下载配套资源。

书　圈

清华计算机学堂

观看课程直播